日本经典技能系列丛书

螺纹加工

(日)技能士の友編集部　编著

陈爱平　马亚琴　颜培渊

李　棠　译

机械工业出版社

螺纹加工在车削加工中是较难的操作之一。优秀的车床操作工都是螺纹加工的能手。本书主要内容有：螺纹的种类、螺纹切削标准车刀的形状和研磨方法、外螺纹、内螺纹的加工要点等。书中不仅介绍了使用丝锥、板牙加工等常用的螺纹加工方法，还对其他特殊的螺纹加工方法也进行了说明。

本书可供初级机械加工工人入门培训使用，还可作为技术人员及相关专业师生的参考用书。

本书版权登记号：图字：01-2007-2344 号

图书在版编目（CIP）数据

螺纹加工/(日）技能士の友編集部编著；陈爱平等译．—北京：机械工业出版社，2010.7（2023.1 重印）
（日本经典技能系列丛书）
ISBN 978-7-111-31000-6

Ⅰ.①螺… Ⅱ.①日…②陈… Ⅲ.①螺纹加工 Ⅳ.①TG62

中国版本图书馆 CIP 数据核字（2010）第 112201 号

机械工业出版社（北京市百万庄大街 22 号 邮政编码 100037）
策划编辑：王晓洁 责任编辑：王晓洁 版式设计：霍永明
责任校对：闫玥红 封面设计：鞠 杨 责任印制：任维东
北京中兴印刷有限公司印刷
2023 年 1 月第 1 版第 8 次印刷
182mm×206mm · 6.833 印张 · 200 千字
标准书号：ISBN 978-7-111-31000-6
定价：35.00 元

凡购本书，如有缺页、倒页、脱页，由本社发行部调换

电话服务
社服务中心：(010)88361066
销售一部：(010)68326294
销售二部：(010)88379649
读者购书热线：(010)88379203

网络服务
门户网：http://www.cmpbook.com
教材网：http://www.cmpedu.com
封面无防伪标均为盗版

为了吸收发达国家职业技能培训在教学内容和方式上的成功经验，我们引进了日本大河出版社的这套“技能系列丛书”，共 17 本。

该丛书主要针对实际生产的需要和疑难问题，通过大量操作实例、正反对比形象地介绍了每个领域最重要的知识和技能。该丛书为日本机电类的长期畅销图书，也是工人入门培训的经典用书，适合初级工人自学和培训，从 20 世纪 70 年代出版以来，已经多次再版。在翻译成中文时，我们力求保持原版图书的精华和风格，图书版式基本与原版图书一致，将涉及日本技术标准的部分按照中国的标准及习惯进行了适当改造，并按照中国现行标准、术语进行了注解，以方便中国读者阅读、使用。

目　录

螺纹制品

螺纹的基本知识

螺纹的理论

车刀加工螺纹

用丝锥、板牙加工螺纹

特殊的螺纹加工方法

螺纹的测量

数据表

特殊螺纹

一般人们都认为，螺纹加工在车床加工中是较难的操作之一。如螺距、牙型角、加工面、车刀的角度计算等都是一般车床操作中很难掌握的技术。一般认为能加工出合格的螺纹是一名熟练的车床操作工的标志。因而，在车床上工作的人，都会为掌握螺纹加工的技能而不断努力地学习。这本书就是应此需求而编写的，学习这本书也是掌握螺纹加工技能的第一步。

螺纹制品

语言与文字

在机械行业中，常见的螺纹制品的日文写法主要有以下五种——ねじ、ネジ、捻子、捩子、螺子。

明治维新以前没有像样的机械，也没有机械加工出的螺纹制品，只有“系在头上的头巾”、“麻花糖”之类的螺旋状的东西。当然，因为当时文盲率很高，所以一般不会写当量汉字，只能用语言进行口头交流。

但是，明治维新以后，日本引进了西洋的现代机械技术。随着现代技术的引进，需要用日语表达许多新的专业用语。当时，只有一小部分人掌握了技术，他们把日语中很多字拿来借用，把很多汉字组合起来创造了新的词汇，表示一些以前没有的东西。如医学、理科、工科中的许多词汇，工科中的机械类、电气类、土木类、建筑类的术语全部都是采用这种方法创造出来的。

系在头上的头巾

日本当时也没有螺纹制品，但有与螺纹形状类似的东西，就使用了相应的词来表示，最初还使用了很多借用字表示。这既不是个人创造出来的，也不是有组织地创造出来的，而应是当时人们自发地使用自己独创的词汇。

这里需要了解的一点是，和日语的“ネジ”（螺纹）相应的英语单词有“screw”和“thread”。在英语中，两者的用法有很明显的区别。可是对机械知识不太了解的人，在翻译时经常会出错。

Screw

screw 是指螺纹、螺纹零件、螺纹制品等。例如：read screw（丝杠），screw driver（螺钉旋具），screw press（螺旋压力机），screw propeler（船的推进器，也就是螺旋桨）等。

Thread

thread 是指抽象的螺纹或者与螺纹类似的东西。三角形螺纹、矩形螺纹等词就要使用 thread 一词（见第 22 页）。

船的螺旋桨（Screw propeler）

如有这样一个错误的翻译:矩形—angle，螺钉—screw，所以矩形螺纹就翻译成了 angle screw，这显然是不知道矩形螺纹实物的人翻译的。如果看了实物，就是知道——矩形 = 四方形的 =square，所以应该是 square thread，这样就容易懂了。

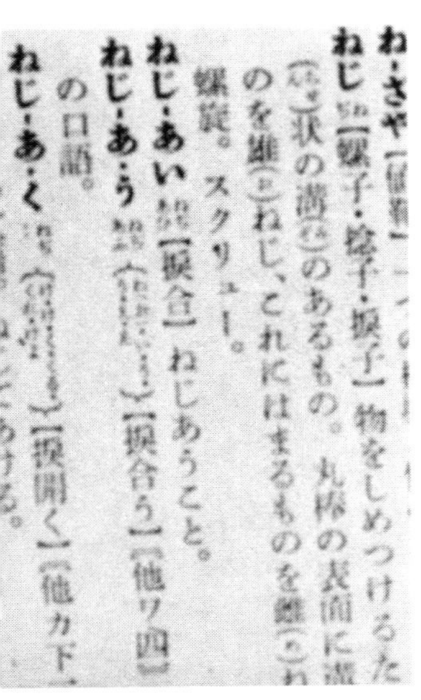

ねじ【螺子・捻子・捩子】物をしめつけるた
状の溝のあるもの。丸棒の表面に溝
のを雄ねじ、これにはまるものを雌ねじ
螺旋。スクリュー。
ねじ・あい【捩合】ねじあうこと。
ねじ・あ・う【捩合う】（他ワ四）
の口語。
ねじ・あ・く【捩開く】（他カ下二）
あける。

◀字典可以查到：捻子、捩子、螺子这三个词

螺纹的历史

● 螺纹的起源

如果一棵树的外面缠绕着很粗壮的藤蔓，随着树的生长，树干被缠绕着的部分会凹进去，没被缠绕的部分会凸出来。即使藤蔓枯萎凋零了，也会留下带着螺旋状沟槽的树干。据说以前的人们看到这样的树干，就会想到螺纹。

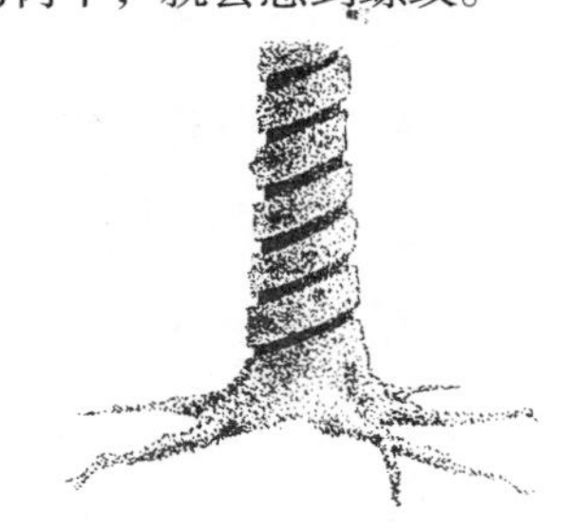

还有一种说法，是把粘土一边拉伸一边纵向旋转，就可以拧成螺旋状。因而，启发了人们制作出了螺钉等紧固件。

● 螺纹制品的应用

制造橄榄油的压榨机——在压榨葡萄酒和橄榄油的机械中，早在公元前就已经开始使用螺旋状的零件。

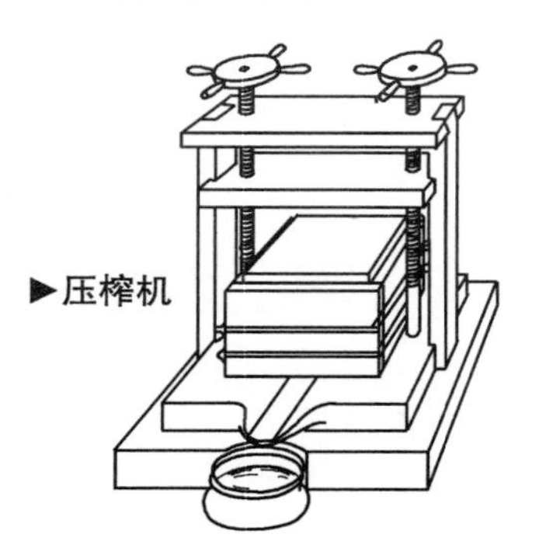

▶压榨机

▼扬水泵

螺旋抽水泵——据说由阿基米德发明的利用螺纹抽水的机械，可以把船底的积水向外抽出，或者用于矿山的排水以及灌溉作业等。

● 达·芬奇的螺纹加工机械

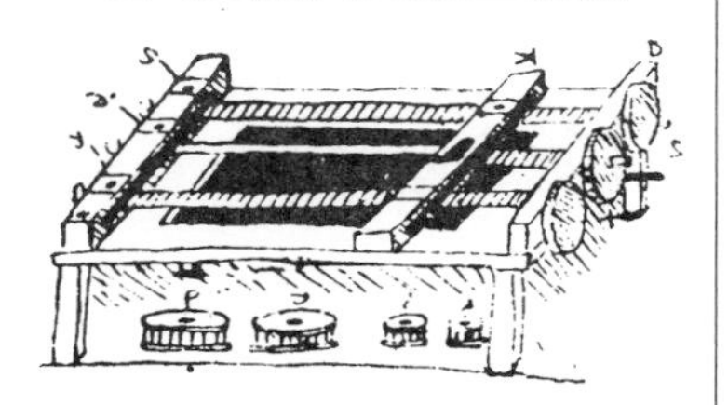

▲达·芬奇的螺纹加工机械

为了在木棍上刻出痕迹，可使木棒旋转起来，同时刀具紧贴木棒以一定的速度进行平移运动。随着刀具的正常移动，就会切削出一定螺距的螺纹。莱昂纳多·达·芬奇的螺纹加工机械中已经采用了交换齿轮的方法。

● 螺纹加工机械的发展

16世纪，出现了很多各种各样的螺纹加工车床。passon螺纹加工车床就是其中之一。

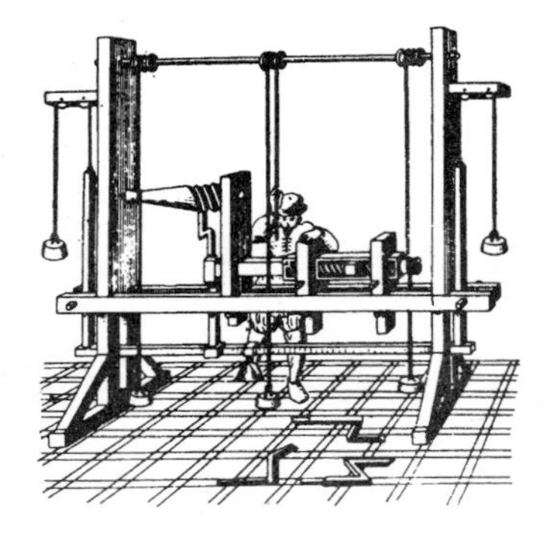

▲passon 螺纹加工车床

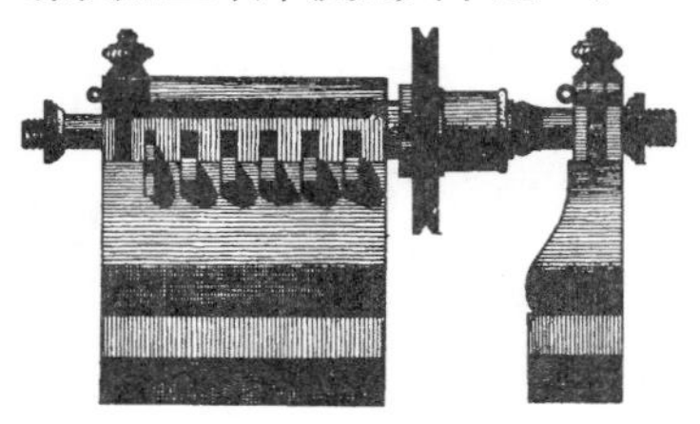

▲带有键结构的螺纹加工车床

18世纪后半期，人们开始利用精密仪器在金属的圆棒上加工螺纹，但是谁最早开始操作的并不是很清楚。用车床可以切削出显微镜中使用的可缓慢移动的精细、准确的螺纹。18世纪后半期，车床上出现了带有键结构的主轴台。这样就可以很容易地改变螺距，在同一个轴台上可以加工5个或者6个不同螺距的螺纹。

加工精密丝杠时，首先在长方形的纸上画上横线。线的间隔和倾斜角要与待加工的螺纹对应，在待加工螺纹的圆棒外卷上纸，用锐利的锉刀沿着画上的线切削。

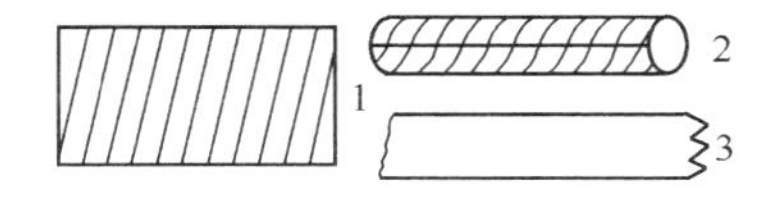

▲使用锉刀加工螺纹的方法

开始先使用三角形的锉刀，然后再使用和螺距一样的钢制螺纹梳刀整修螺纹。

● 拉姆斯登的螺纹加工机械

英国的专家拉姆斯登在1770年发明了两种螺纹加工机床。第一种是把感应螺纹和要加工螺纹的圆棒互相平放在一起。丝杠上楔入带有螺纹的环，使刀具转动。刀具上有加工钢质件的金刚石。

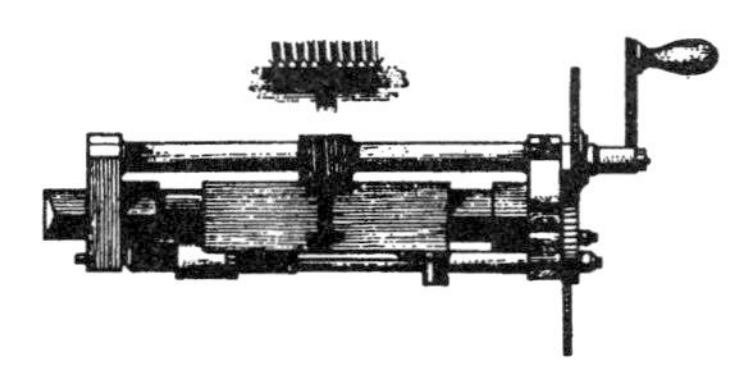
▲拉姆斯登的螺纹加工机床

拉姆斯登设计的第二台螺纹加工机床结构更加复杂。

继拉姆斯登之后的10～15年，法国的技术员福尔诞用自己的方法制造出了螺纹加工机床。但是，没有留下任何资料。

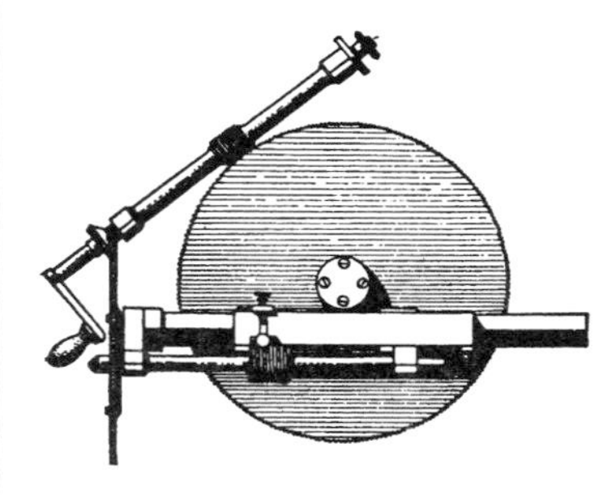
▲拉姆斯登的第二台螺纹加工机床

18世纪末，英国的工程师莫兹利按照想象设置出了加工螺纹用的螺纹加工机床。

▼莫兹利的螺纹加工机床

● 标准螺纹的构想

不同的人加工的螺纹的尺寸也不同，作为螺纹制品是机械上的常用零件，这样是非常不方便的。所以，1841年，英国的惠特沃思提出了标准的螺纹尺寸，螺纹生产者都使用同一个标准。发展至今，形成了现在的螺纹规格。

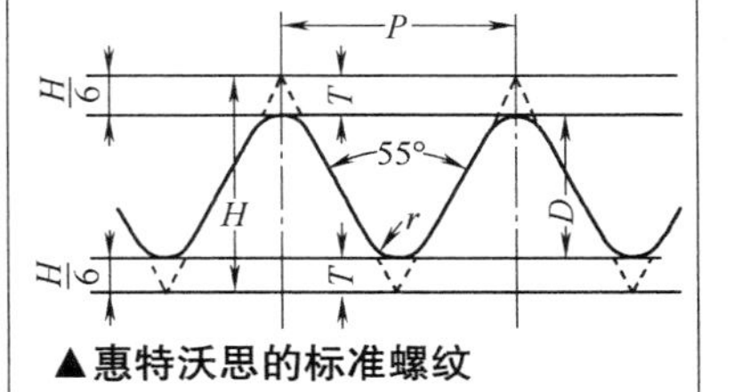

▲惠特沃思的标准螺纹

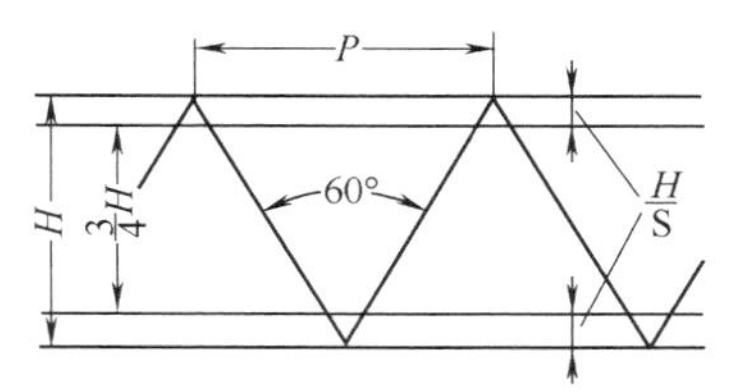

▲塞勒的标准螺纹

1864年，美国的塞勒也公布了标准螺纹，随之在美国普及推广。

（上智大学教授　**中山秀太郎**）

▲以上两幅图是日本产的第一个机床 （池贝铁工所制造）中的丝杠和刀架的横向进给螺纹。

螺栓

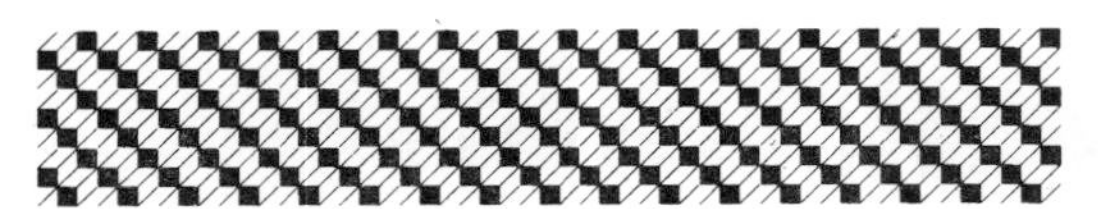

螺栓在 JIS 标准（日本工业标准）中的定义是：“原则上，螺栓是与螺母组合使用的外螺纹零件的总称”。螺栓有很多形状，用途各不相同。在这里，以照片形式介绍了其中几个主要的螺栓，其他的请参考 JIS 标准。

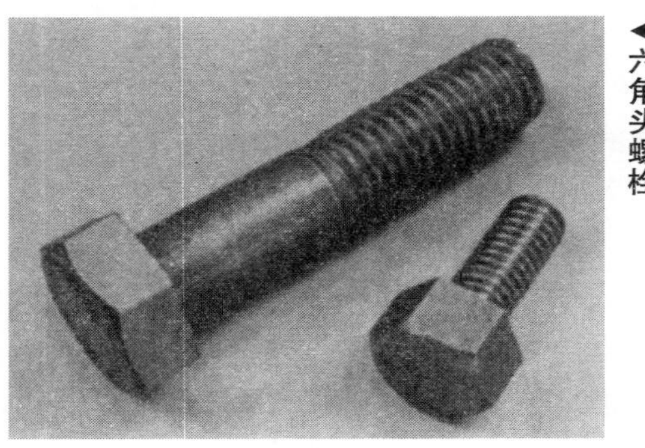

◀六角头螺栓

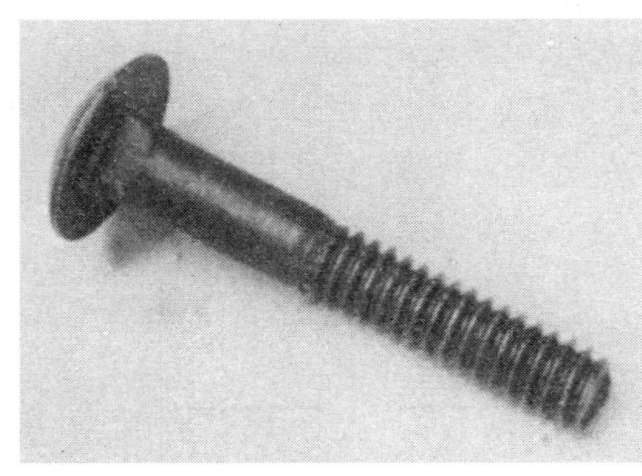

◀圆头方颈螺栓（A 型）

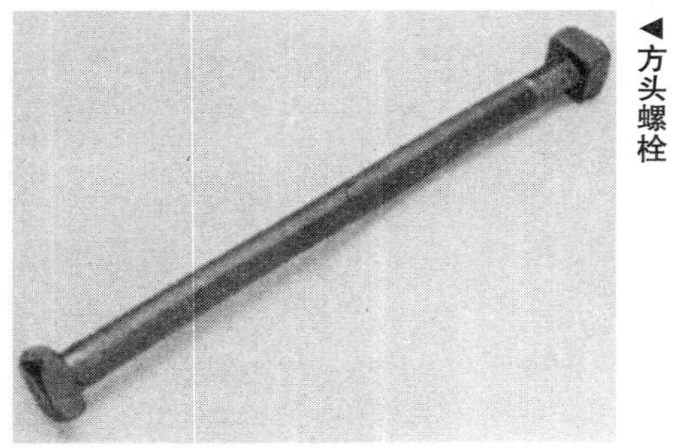

◀方头螺栓

◀沉头螺栓（带槽）

◀吊环螺栓

◀沉头螺栓（带榫）

其他的如拉杆栓、摩擦夹连接用螺栓、密封螺栓、防松螺栓、方颈螺栓、半圆头方颈螺栓，轨道螺栓、双头螺柱、单头螺柱、长头（全）螺柱、锥形螺栓、锁销螺栓、棘（地脚）螺栓、钩头（地脚）螺栓、U形螺栓等术语。

● 螺栓的 JIS（日本工业标准）

T形槽螺栓　JIS　B　1166
吊环螺栓　JIS　B　1168
半圆头方颈螺栓　JIS　B　1171
双头螺柱　JIS　B　1173
内六角螺栓　JIS　B　1176
地脚螺栓　JIS　B　1178
沉头螺栓　JIS　B　1179
六角头螺栓　JIS　B　1180
方头螺栓　JIS　B　1182
蝶形螺栓　JIS　B　1184

◀蝶形螺栓

◀双头螺柱

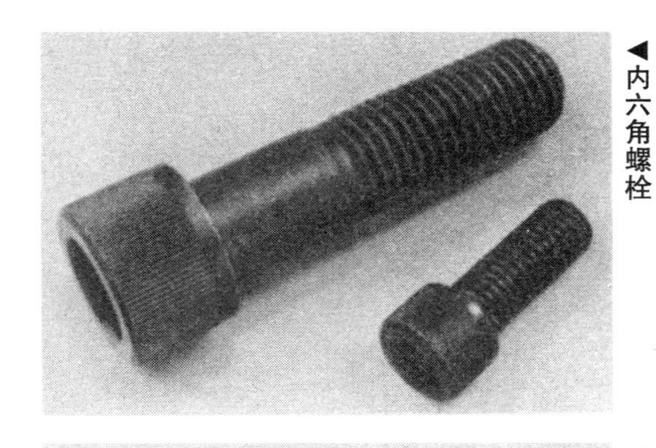

◀内六角螺栓

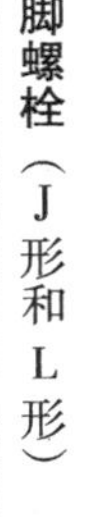

◀地脚螺栓（J形和L形）

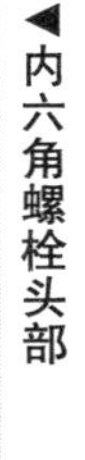

◀内六角螺栓头部

螺母

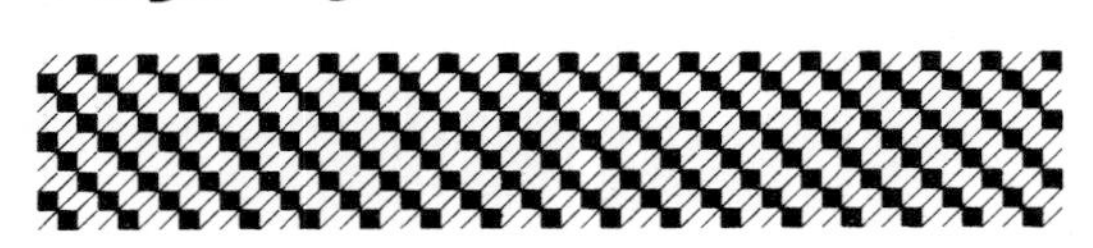

螺母在 JIS 标准的定义是“以内螺纹为轴心的零件的总称”。螺母（nut）也有很多类型。

JIS 标准中关于螺母的规格，在此页已经做了介绍。螺纹零件的术语还有圆螺母、

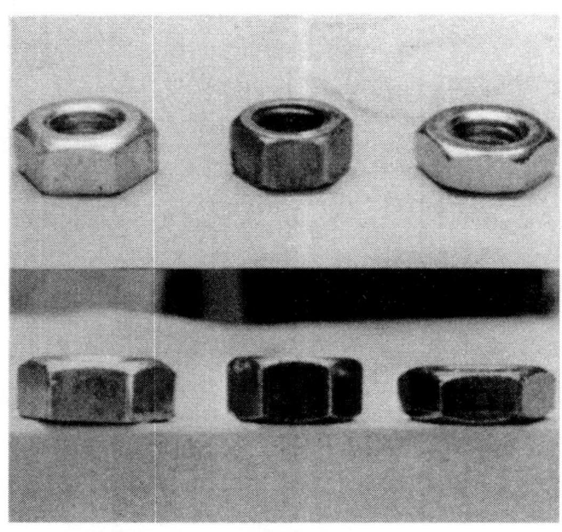

▲六角螺母，从左　1 级，2 级，3 级

▲方螺母

▲开槽螺母，从左　2 级高型，2 级低型，3 级

垫圈面六角螺母、板形螺母、焊接螺母、凸缘螺母、盖形螺母、薄螺母、防滑螺母、自锁螺母、蝶形螺母、滚花螺母、板簧螺母、套筒螺母、松紧螺旋扣等。

● 螺母的 JIS

方螺母　JIS　B　1163
T 形槽螺母　JIS　B　1167
吊环螺母　JIS　B　1169
开槽螺母　JIS　B　1170
六角螺母　JIS　B　1181
六角盖形螺母　JIS　B　1183
蝶形螺母　JIS　B　1185

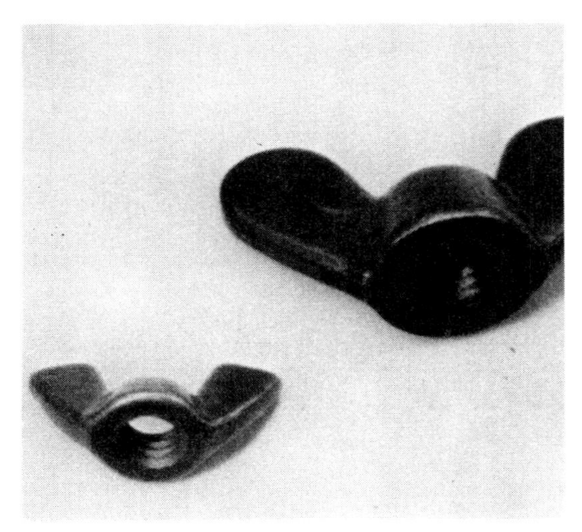

▲蝶形螺母

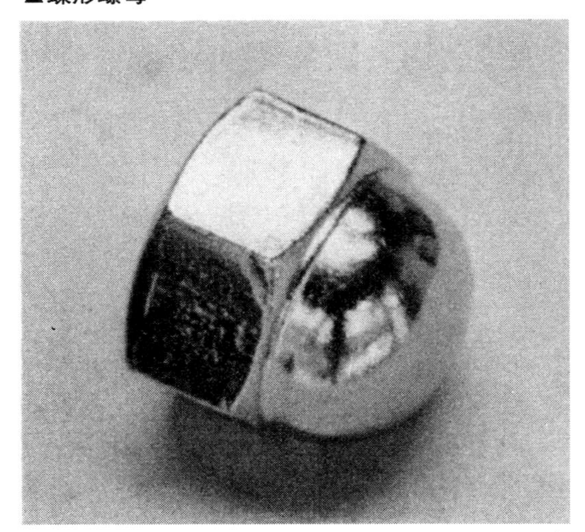

▲六角盖形螺母，3 型 2 级

▲吊环螺母

小螺钉

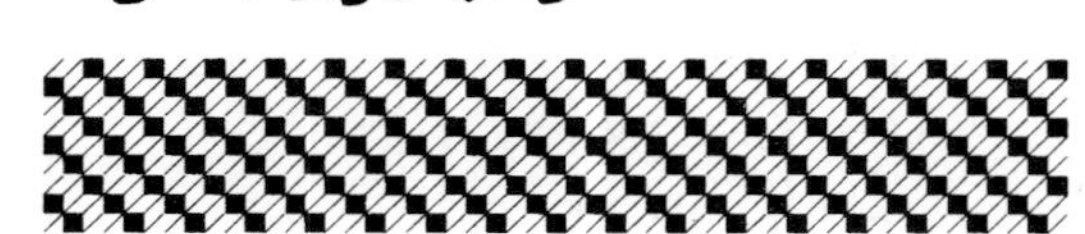

螺钉是有一定轴径带小头的零件，也有和螺母组合在一起使用的。作为机械上重要连接零件的“小螺钉”，一般都是使用螺钉旋具来拧紧的。拧紧时作用力需要作用在螺钉头上，所以螺钉头是很重要的组成部分。

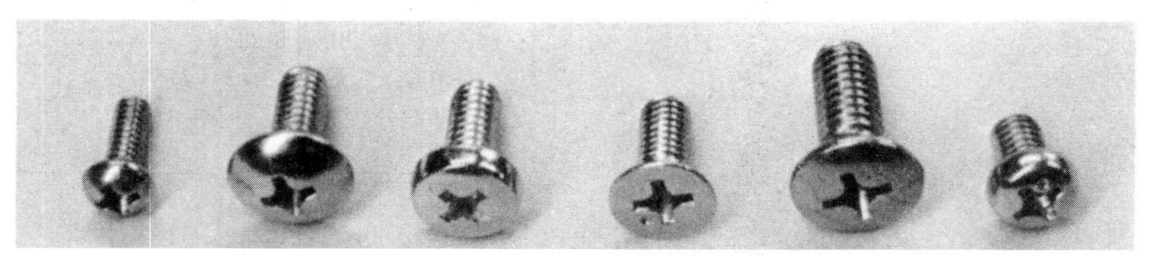

▲十字槽小螺钉（使用十字交叉头的），为了使螺钉旋具的轴心和小螺钉的轴心一致，拧紧时使用气动或电动螺钉旋具等工具效率高。

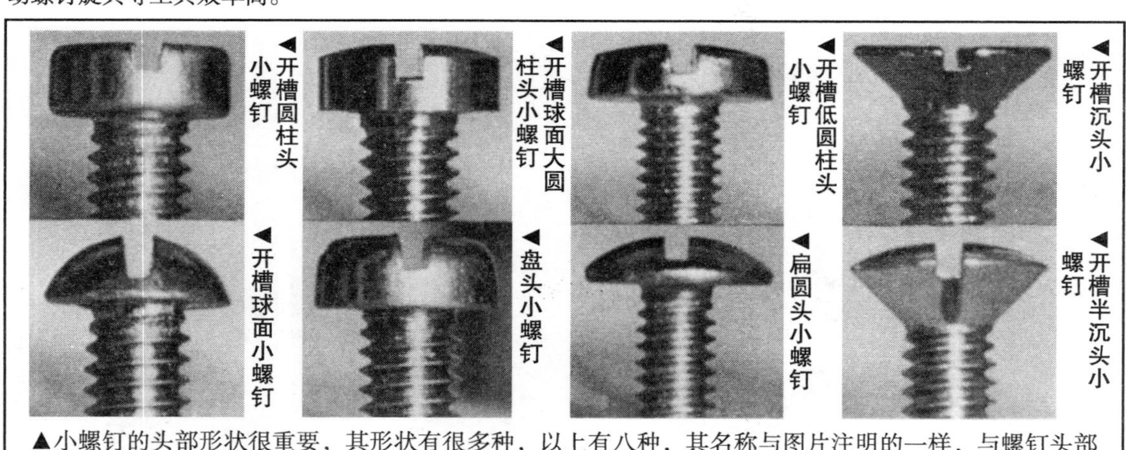

▲小螺钉的头部形状很重要，其形状有很多种，以上有八种，其名称与图片注明的一样，与螺钉头部的形状一致。

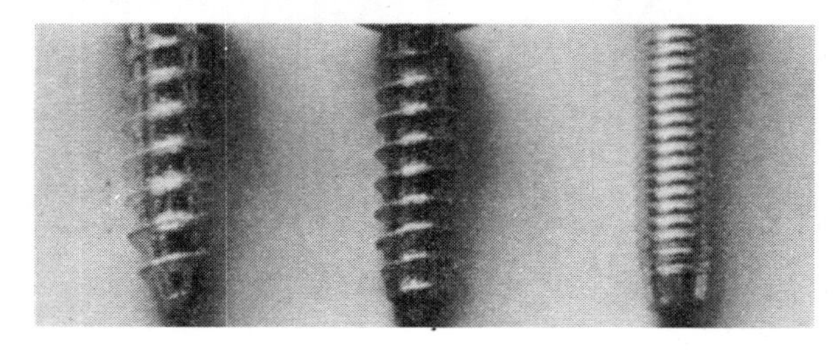

◀也有具有自攻螺纹的螺钉。小螺钉的前面有丝锥，在拧进孔的同时自行攻内螺纹。其材质是低碳钢线材经过热处理加工成的。有前端同木螺钉一样的（1级），还有旋合部位为圆锥形（2、3级）的。

紧定螺钉

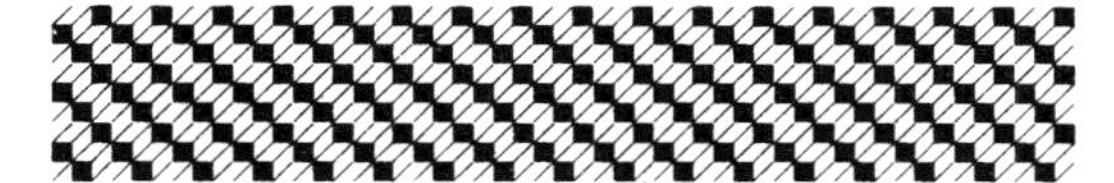

紧定螺钉就是利用螺钉的前端结构防止机械零件之间相对移动的螺钉，还可以起到防止连接部位转动的作用。因而，螺钉前部的形状很重要，这一点和小螺钉是相反的。头部分为头部开槽、内六角、方头几种。

▲内六角　▲方头　▲开槽的头

▲锥端　▲圆柱端　▲平端　▲凹端

螺纹的用途

▲装有卡盘的带螺纹的主轴头

螺纹有很多不同的用途，最常用的是连接作用。简单来说，就是把一样东西和另一样东西连接起来。因此需要螺栓、螺母、小螺钉、紧定螺钉等零件。

这样的“连接”是依靠螺纹的“自锁效果”实现的。连接后，螺纹零件也有两大类不同的作用。把两个零件固定相连的“连接”，可以使用螺栓、螺母、小螺钉。这时，螺纹牙也受力，主要受力部位在螺栓、小螺钉的头部的下面。螺栓或小螺钉都受到拉伸力的作用。

►这个螺钉旋具把直线运动（拧紧力）改变为旋转力

还有一种“连接”是使用定位螺钉紧固两个零件。这时，不是单纯把两个零件连在一起。在一边的内螺纹上旋入紧定螺钉，一边拧紧紧定螺钉，通过螺钉头施力，把两个零件连在了一起，也就把紧定螺钉固定了。

除了相关机械，也用于其他机械的“进给”装置。如机床刀架上的进给装置、铣床的鞍形压板、工作台的进给装置等。

如果认为机床的进给装置只是进行进给，这样的理解就是错误的。它还必须使手摇旋转一周的进给量正确。如果随着每旋转一周的旋转角度而产生的进给量不正确，尺寸就不会很精确。尺寸的精度最早是由千分尺所确定的。因为千分尺是通过移动测微螺杆的螺纹，移动一定的间距来表示测量值的。另外，也有人认为在进给时产生的变形是加压的原因。其中的代表有台虎钳、冲床等。冲床和台虎钳等通过螺纹进给冲压模型或钳口垫片的同时，会产生巨大的压力，这是使用螺纹的主要目的。

同样的是进给作用，至今都是通过外螺纹、内螺纹相配合完成的。但也有只有外螺纹的情况，如塑料的注射成形机就是把原料直接送入。与其说是螺纹，不如说是螺杆在料筒中旋转，起内螺纹的作用把原料推进去。

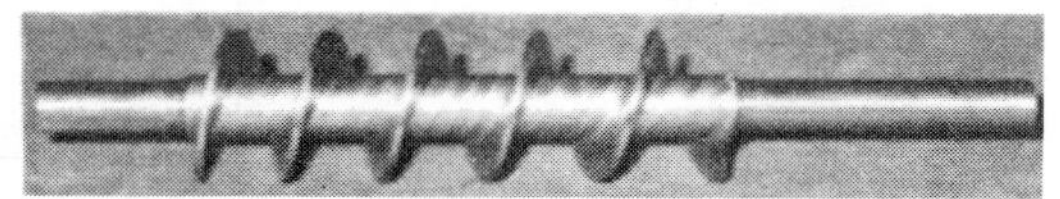

▲把注射成形的材料送出的零件

大炮的线膛

上面的图片是大炮炮筒里所刻的螺线。这样的膛线可以通过螺旋角产生一个旋转力。左边的图片为炮尾。为了不让气体泄漏，用螺纹使药筒紧密结合。螺纹面分成 3 等分，每隔一个区段把螺纹也分成 3 等分，外螺纹旋转 1/6 周可以紧紧地旋合。

这些螺纹分为两类，一种是作为螺纹零件直接使用的，另一种是在某物体上加工螺纹用的。螺纹零件中的螺钉可用专用设备大量、快速地生产出来。而在某物体上加工螺纹，就需要依靠螺纹加工机床。

无论是哪一种螺纹制品，螺纹总是将旋转运动转化为直线运动来起作用的。相反，也有将螺纹的直线运动转变为旋转运动的例外情况。但是在这种情况下，螺纹的导程很大——导程角要大于 45°。图片中所示的驱动器可通过用手推动中央位置的手柄（内螺纹）、中间的轴（外螺纹）旋转。

大炮的炮筒内侧刻有螺旋形状的线膛，并和炮弹的周边啮合。随着发射，在炮弹上作用一个旋转力，可以使炮弹在飞行过程中保持稳定。

螺纹牙型的种类

螺纹牙的形状有三角形、梯形、锯齿形、矩形、圆弧形（管螺纹）等。

三角形螺纹、梯形螺纹、锯齿形螺纹分别具有一些不同的螺纹角度。

这些螺纹中，因为三角形螺纹和梯形螺纹有向心性（见第 45 页），所以用于精度要求高的时候。一方面，在要求传导动力时，使用螺纹牙坚固的矩形螺纹。同时又要求一定的精度时，使用形状介于矩形螺纹和三角形螺纹之间的梯形螺纹。台虎钳和冲床上有矩形螺纹，这也是往复工作台等进给螺纹使用梯形螺纹的原因。对强度要求低的千分尺则使用三角形螺纹。

要求承受一定方向的水平力时，也会使用这种螺纹。

圆弧螺纹应用于电灯泡的灯口（见第 158 页）。

● 三角形螺纹

● 梯形螺纹

● 矩形螺纹

● 锯齿形螺纹

右旋螺纹和左旋螺纹

◀牵牛花的茎是右旋，花蕾是左旋的

螺纹一般是向右旋转（顺时针），这称为“右旋”。与之相反，向左旋转的螺纹称为“左旋”。因此，没有特别说明，一般都认为螺纹是右旋的，事实也大体如此。

那么，左旋是用在什么情况下的呢？这在机械类的工厂还是有实例的，比如机床刀架的进给螺纹就是左旋的梯形螺纹。因为手柄向右转，刀架才会向前移动，台虎钳也是一样。此外，还有其他的例子，常见的双头砂轮机的砂轮轴的一边也是这样。在旋转的砂轮上加载荷时，如果左侧的砂轮向右旋转，就可以很轻松地松下来。在齿轮上起紧固作用的螺母也可以不费力地拧松。

要区分右螺旋和左螺旋的方法是，把螺纹竖起来，右边高就是右旋，左边高就是左旋。

立铣刀、圆柱形铣刀、铰刀等刀齿的旋向也都是使用同样的方法来判断。在自然界里，牵牛花的花蕾是左旋的。

▲照相机的镜头筒上同时存在着左旋螺纹和右旋螺纹

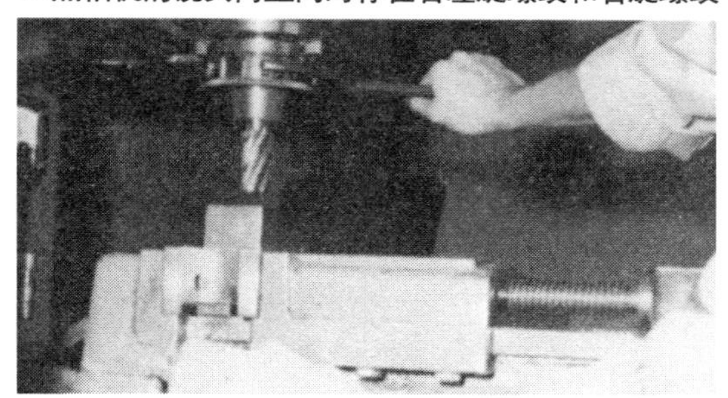

▲台虎钳螺纹是左旋，立铣刀螺纹是右旋的

▲双头砂轮机的左侧是左旋螺纹

▲左旋刀齿的立铣刀

木螺钉

虽然都叫螺钉，但是“木螺钉”稍有不同，“该螺钉有着适合旋入木材的螺纹牙。”正如本页的图片所示的这种螺钉的尖端一样，这和小螺钉相同。

这种螺钉起着钻头和丝锥的作用，适用于木材的材质，就像自攻螺钉（见第 14 页）适用于金属一样。在实际应用中，还是用钻头预先钻孔，再使用螺钉比较好。

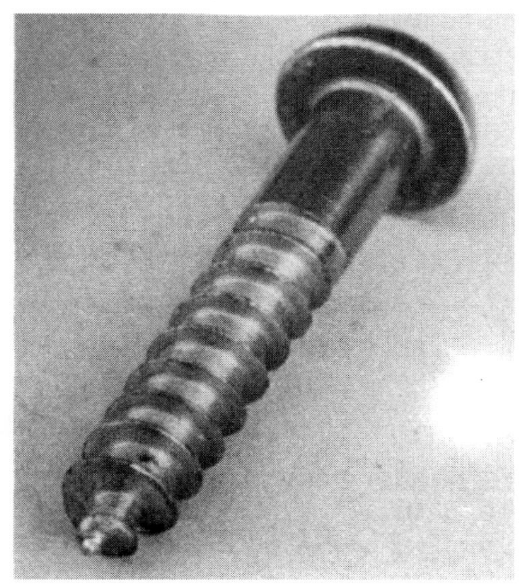

螺纹的基本知识

术语①

外螺纹

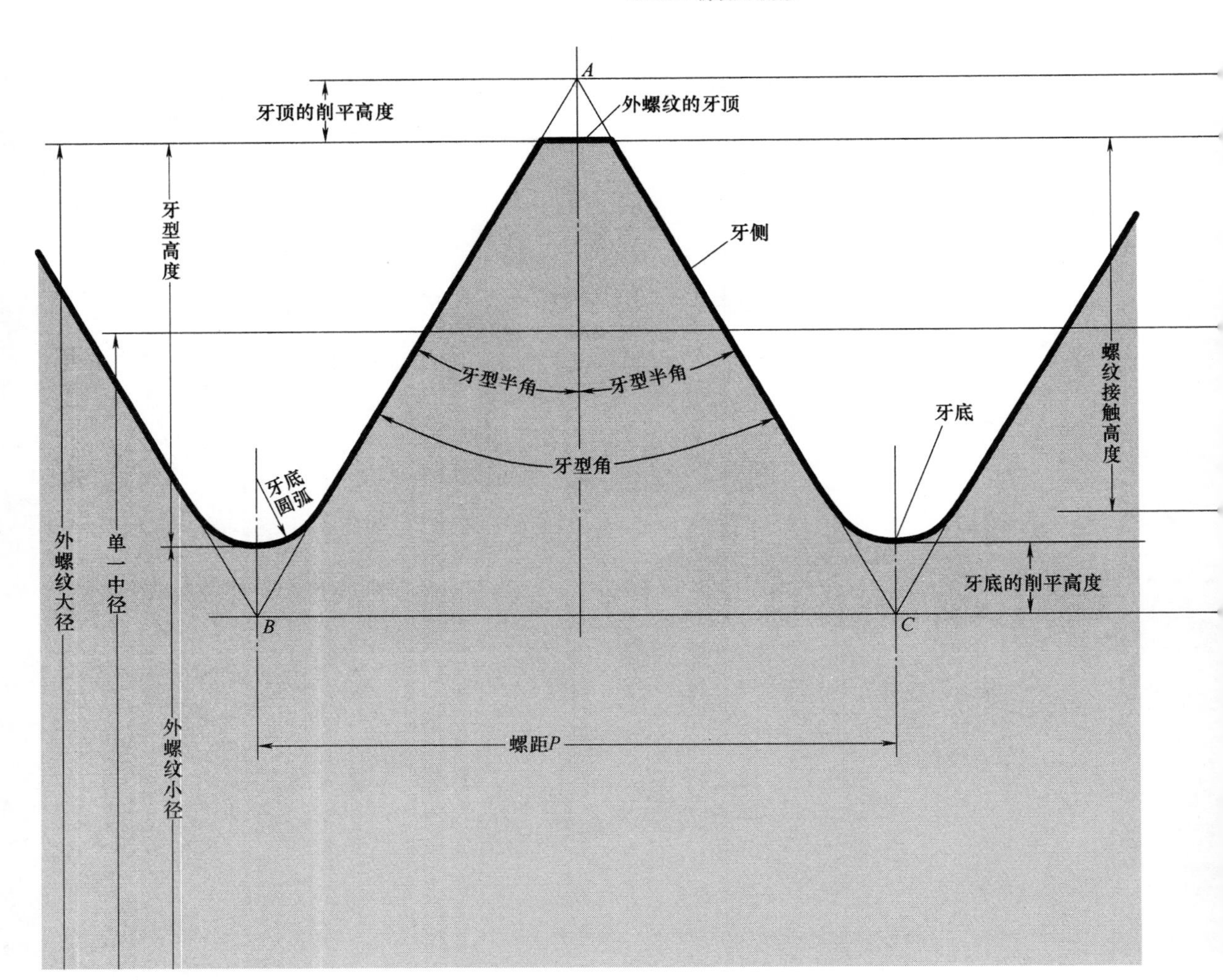
△ABC=原始三角形
A
牙顶的削平高度
外螺纹的牙顶
牙型高度
牙侧
螺纹接触高度
牙型半角
牙型半角
牙底
牙型角
牙底圆弧
外螺纹大径
单一中径
牙底的削平高度
B
C
外螺纹小径
螺距P

内螺纹

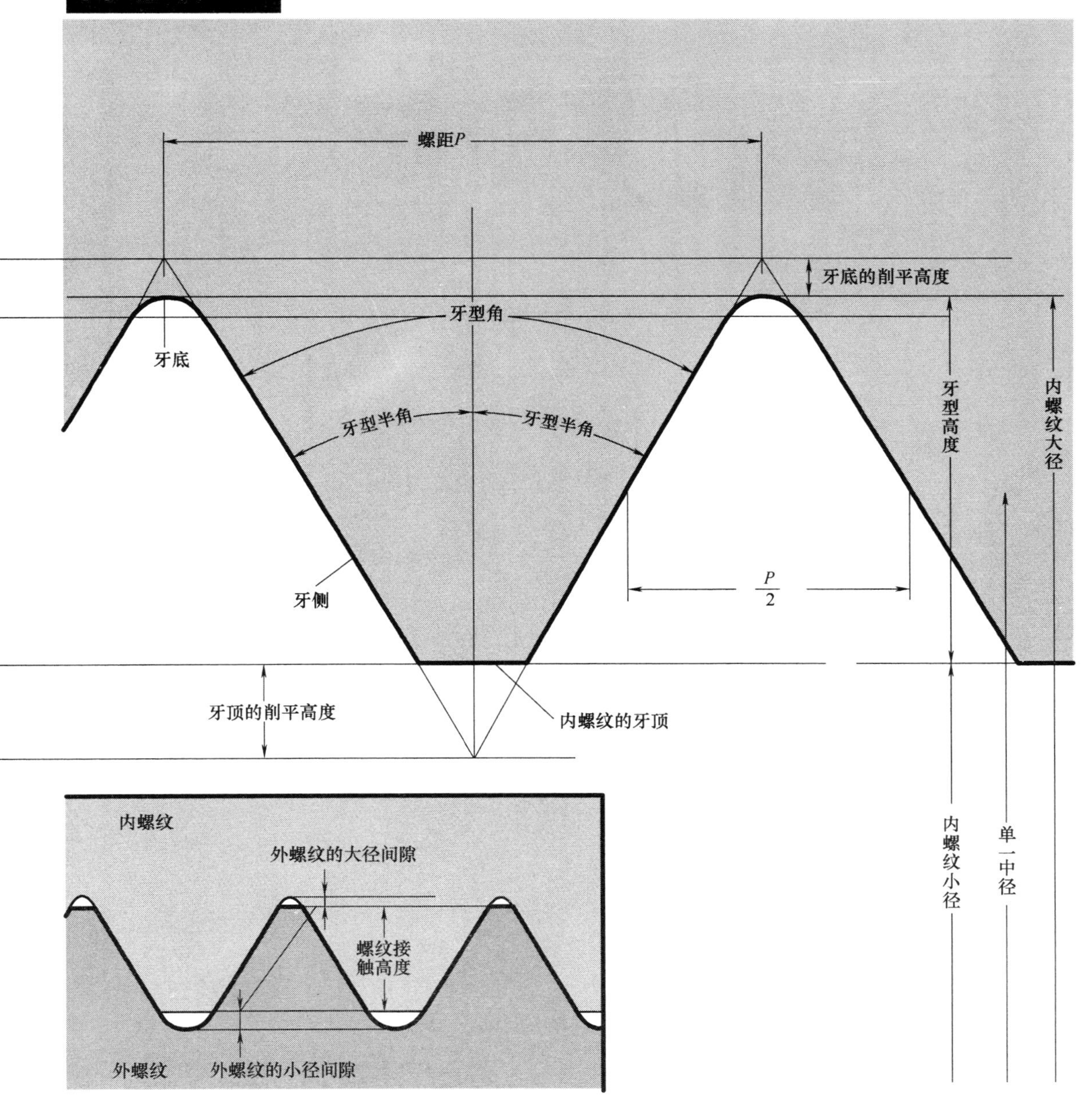
螺距P
牙底的削平高度
牙型角
牙底
牙型高度
内螺纹大径
牙型半角
牙型半角
P/2
牙侧
牙顶的削平高度
内螺纹的牙顶
内螺纹
外螺纹的大径间隙
螺纹接触高度
外螺纹
外螺纹的小径间隙
内螺纹小径
单一中径

术语②

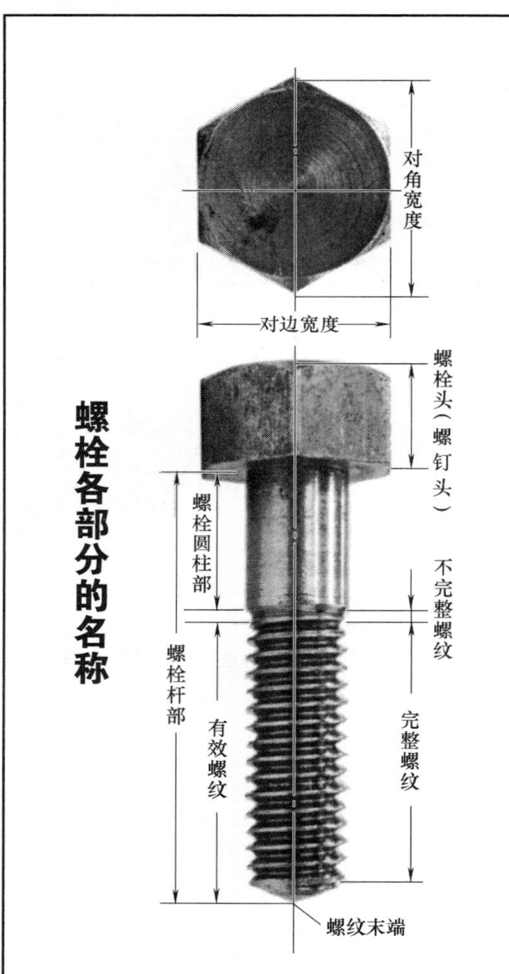

六角头螺栓的实物和其名称对应，方头螺栓也同样。螺栓的标记，包括螺纹的代号和螺纹杆部的长度。螺纹末端有平端和球面端的，这里是球面端的。

● **螺距偏差**

实际加工出的螺纹和标准的螺纹螺距之间的偏差，被称为螺距偏差。实际螺距比规定螺距大的偏差为正，小的偏差为负。一般相差一个螺距，也有差两个的情况。

● **单个螺距偏差**

相差 1 个螺距，叫做单个螺距偏差。

● **累积螺距偏差**

间隔 2 个以上螺距的螺纹牙之间的偏差总和，叫做累积螺距偏差。

● **渐进螺距偏差**

单个螺距偏差一般是正的，也有负的情况。本图的螺栓一般是正螺距偏差。

● **周期螺距偏差**

指单个螺距偏差以周期性递增或者递减的偏差。本图中每 2 个螺距间有一个单个螺距偏差。

● **引导牙侧**

螺纹旋入时，面对前进方向的牙侧。

● **跟随牙侧**

与引导牙侧相对的牙侧。

● **承载牙侧**

紧固时，螺纹副中承受轴向载荷的牙侧。

● **非承载牙侧**

与承载牙侧相对的牙侧。

● **牙型角偏差**

这个偏差是产品螺纹牙角度和标准的螺纹牙角度之差。比规定的角度大的是正偏差，反之为负。也可是牙型半角的偏差的 2 倍。

● **牙侧角偏差**

实际的牙侧角和标准的牙侧角之差。

● **牙型半角偏差**

与螺纹牙的中心线相对称的牙齿侧面偏差。

螺距偏差

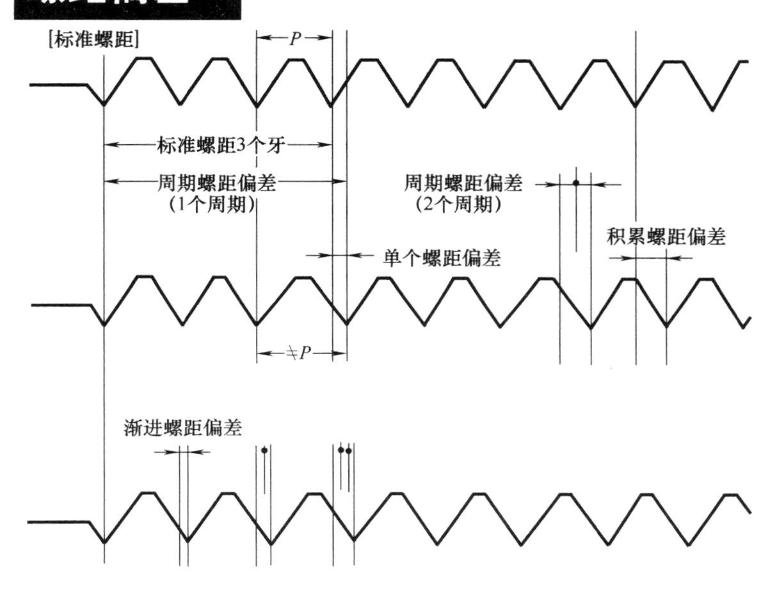

牙侧

▼ 紧固螺纹负载时

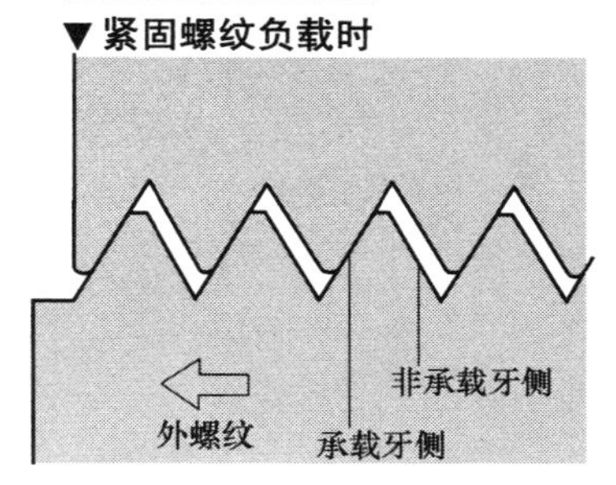

▼ 转动外螺纹时内螺纹的运动

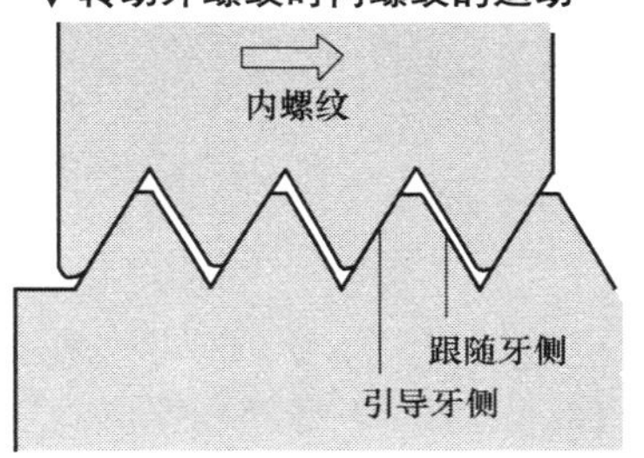

牙型角偏差

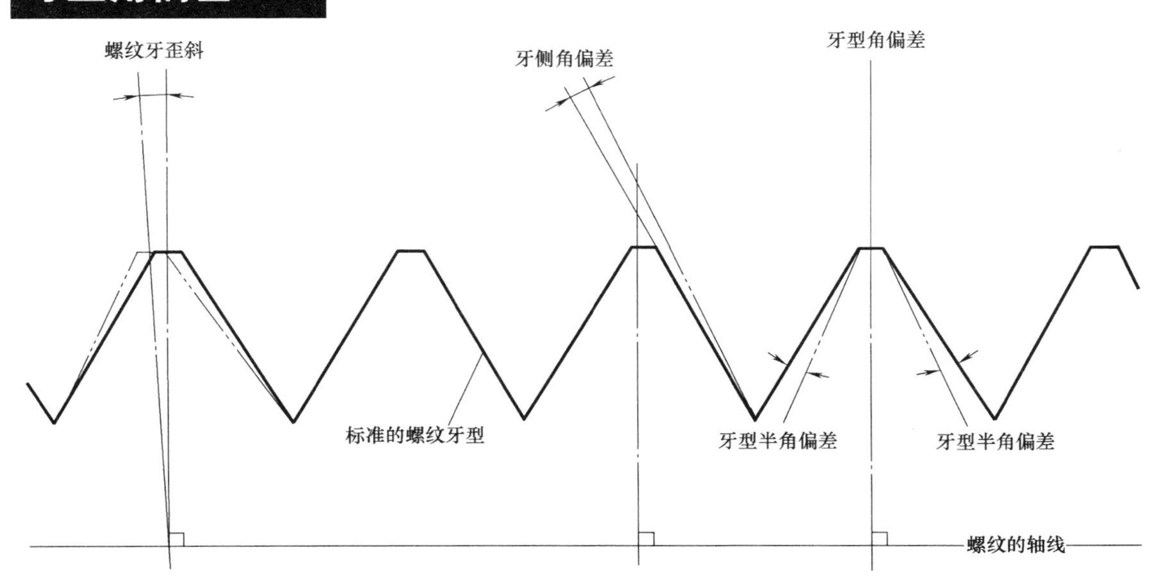

普通螺纹的标准牙型和

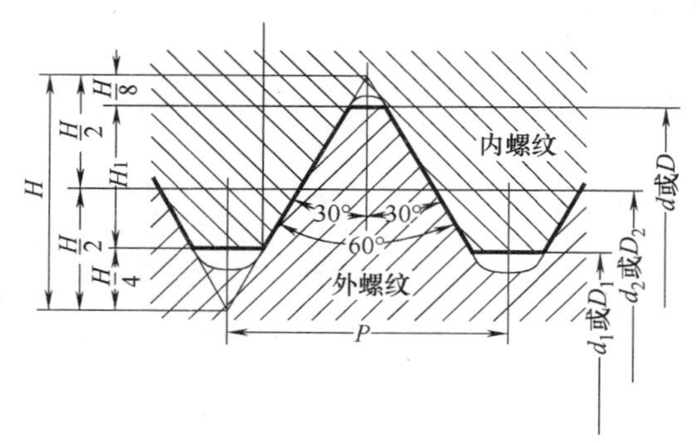

普通螺纹的标准牙型

普通螺纹的牙型有很多形状。最常见的是近似正三角形的牙型，螺纹断面形状是对称的三角形。螺栓和螺母的牙型也是这样的，据说日本技能鉴定中机床加工的课题就是这种牙型。

符合三角形螺纹牙型的有普通螺纹和统一螺纹。另外，以前有惠氏螺纹，现在已从JIS标准中删除了。所以，一般情况下是不使用的。

普通螺纹

规定了普通螺纹的各尺寸单位都使用毫米（mm），如图所示，螺纹牙型都是30°+30°=60°。

普通螺纹中有：普通粗牙螺纹、普通细牙螺纹、小螺纹三种。

这些普通螺纹一般用代号M表示，这是Metric的首个字母（例：M3，M33×3），小螺纹使用S代号。

▼普通粗牙螺纹的基本尺寸（摘自JIS B 0205）

（单位：mm）

螺纹标记(1)			螺距	螺纹接触高度	内螺纹 大径 D	内螺纹 中径 D_2	内螺纹 小径 D_1
1	2	3	P	H_1	外螺纹 大径 d	外螺纹 中径 d_2	外螺纹 小径 d_1
M 1			0.25	0.135	1.000	0.838	0.729
	M 1.1		0.25	0.135	1.100	0.938	0.829
M 1.2			0.25	0.135	1.200	1.038	0.929
	M 1.4		0.3	0.162	1.400	1.205	1.075
M 1.6			0.35	0.189	1.600	1.373	1.221
	M 1.8		0.35	0.189	1.800	1.573	1.421
M 2			0.4	0.217	2.000	1.740	1.567
	M 2.2		0.45	0.244	2.200	1.908	1.713
M 2.5			0.45	0.244	2.500	2.208	2.013
M 3×0.5			0.5	0.271	3.000	2.675	2.450
	M 3.5		0.6	0.325			
M 4×0.7							

标准尺寸

普通螺纹外螺纹的牙顶原则上不是圆的。根据使用的情况不同，有时也需要制成圆的。这时，螺距必须小于 0.1mm。

标准牙型和尺寸

在 JIS 标准中规定了普通螺纹标准牙型各部分的标准尺寸。普通粗牙螺纹中，只标明公称直径，不用螺距、旋合率、大径、中径、小径等。各部分的尺寸用公式表示如下

$H=0.866025P$　$d_2=d-0.649519P$

$H_1=0.541266P$　$d_1=d-1.082532P$

$D=d$，$D_1=d_1$，$D_2=d_2$

P——螺距　D——内螺纹　d——外螺纹

规定普通粗牙螺纹是从 M1 到 M64，普通细牙螺纹从 M1×0.2 到 M300×4。

普通粗牙螺纹和普通细牙螺纹的标准尺寸在 JIS B 0205（粗牙），JIS B 0207（细牙）中有详细规定。这里，只介绍了其中一小部分。

粗牙、小螺纹中，螺纹的公称值中有 1、2、3 等的区别。使用时，1 是优先的，根据情况不同，有时也优先使用 2、3 等。

◀螺栓头上的 M 表示普通螺纹，但不是所有的螺栓都这样表示

▼**普通细牙螺纹的基本尺寸**（摘自 JIS B 0207）

（单位：mm）

螺纹标记	螺距 P	螺纹接触高度 H_1	内螺纹 大径 D / 外螺纹 大径 d	内螺纹 中径 D_2 / 外螺纹 中径 d_2	内螺纹 小径 D_1 / 外螺纹 小径 d_1
M 1 × 0.2	0.2	0.108	1.000	0.870	0.783
M 1.1 × 0.2	0.2	0.108	1.100	0.970	0.883
M 1.2 × 0.2	0.2	0.108	1.200	1.070	0.983
M 1.4 × 0.2	0.2	0.108	1.400	1.270	1.183
M 1.6 × 0.2	0.2	0.108	1.600	1.470	1.383
M 1.8 × 0.2	0.2	0.108	1.800	1.670	1.583
M 2 × 0.25	0.25	0.135	2.000	1.838	1.729
M 2.2 × 0.25	0.25	0.135	2.200	2.038	1.929
M 2.5 × 0.35	0.35	0.189	2.500	2.273	2.121
M 3 × 0.35	0.35	0.189	3.000	2.773	2.621
M 3.5 × 0.35	0.35	0.189	3.500	3.273	3.121
M 4 × 0.5	0.5	0.271	4.000	3.675	3.450
M 4.5 × 0.5	0.5	0.271	4.500	4.175	
M 5 × 0.5	0.5	0.271	5.000		
M 5.5 × 0.5	0.5				

统一螺纹的标准牙型和

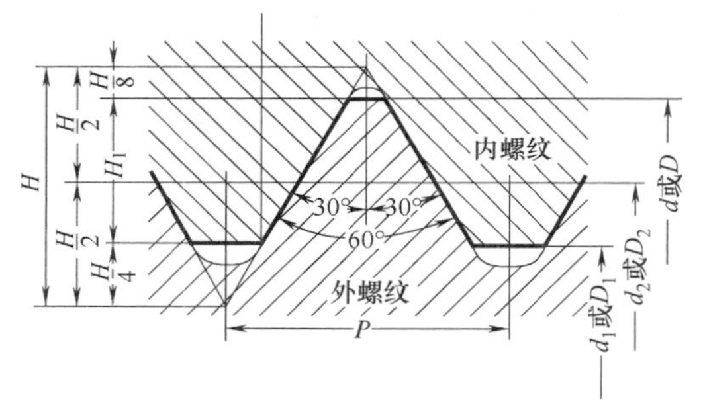

统一螺纹的标准牙型

统一螺纹㊀

统一螺纹不同于用毫米（mm）单位来表示的普通螺纹，而是用英寸（1in=25.4mm）来表示。在这一点上，和普通螺纹有很大的不同，但是标准牙型的形状如图所示，很明显和普通螺纹是完全一样的，牙型角都是60°。

统一螺纹的牙数是通过1in中有多少数量来表示的。也就是说，25.4mm中有多少圈牙。这种方法和现在几乎不太使用的惠氏螺纹（英制）是一致的。

标准尺寸的计算

统一螺纹的标准尺寸的计算公式如下

$$P=\frac{25.4}{n}$$

$$H=\frac{0.866025}{n}\times25.4 \quad H_1=\frac{0.541266}{n}\times25.4$$

$$d=(d)\times25.4$$

▼统一粗牙螺纹的基本尺寸（摘自JIS B 0206）

（单位：mm）

螺纹标记(3) 1	螺纹标记(3) 2	螺纹牙数（25.4mm长度内）n	螺距 P（参考）	螺纹接触高度 H_1	内螺纹 大径 D / 外螺纹 大径 d	内螺纹 中径 D_2 / 外螺纹 中径 d_2	内螺纹 小径 D_1 / 外螺纹 小径 d_1
	No. 1-64UNC	64	0.3969	0.215	1.854	1.598	1.425
No. 2-56UNC		56	0.4536	0.246	2.184	1.890	1.694
	No. 3-48UNC	48	0.5292	0.286	2.515	2.172	1.941
No. 4-40UNC		40	0.6350	0.344	2.845	2.433	2.156
No. 5-40UNC		40	0.6350	0.344	3.175	2.764	2.487
No. 6-32UNC		32	0.7938	0.430	3.505	2.990	2.647
No. 8-32UNC		32	0.7938	0.430	4.166	3.650	3.307
No. 10-24UNC		24	1.0583	0.573	4.826	4.138	3.680
	No. 12-24UNC	24	1.0583	0.573	5.486	4.708	

㊀ 对应统一螺纹的相关中国标准为GB/T 20666—2006~GB/T 20670—2006。——译者注

标准尺寸

$$d_2=\left(d-\frac{0.649519}{n}\right)\times 25.4$$

$$d_1=\left(d-\frac{1.082532}{n}\right)\times 25.4$$

$D=d$，$D_2=d_2$，$D_1=d_1$

n：25.4mm 以内的牙数

使用该公式计算外螺纹的大径 d、中径 d_2、小径 d_1 等尺寸时，因为 d 和牙数 n 是使用 in 单位，要用括号中的值，取到小数点 4 位后，乘以 25.4，才能换算成 mm 单位。这样的计算有些麻烦，如果是标准的统一螺纹，JIS 中已经有了计算的数值（JIS B 0206，JIS B 0208），可以直接参考使用。

▲统一细牙螺纹用的螺纹量规

统一螺纹的标记

统一螺纹使用“U”来表示，这是 Unified 的首个字母。表示公称值时，用比 1/4in 还小的 No.0、No.1、…、No.10 等来标记。

统一螺纹和普通螺纹相同，分为粗牙和细牙，分别使用 UNC、UNF 来标记。而且，把标准值、牙数、代号、等级等合到一起书写。如 1/4-20UNC-2A 等，表示为 1/4in 的公称值，1in 有 20 个螺纹牙，2A 级的统一粗牙螺纹。

▼统一细牙螺纹的基本尺寸（摘自 JIS B 0208）

（单位：mm）

螺纹标记(3) 1	螺纹标记(3) 2	螺纹牙数（25.4mm 长度内）n	螺距 P（参考）	螺纹接触高度 H_1	内螺纹 大径 D / 外螺纹 大径 d	内螺纹 中径 D_2 / 外螺纹 中径 d_2	内螺纹 小径 D_1 / 外螺纹 小径 d_1
No. 0-80UNF		80	0.3175	0.172	1.524	1.318	1.181
	No. 1-72UNF	72	0.3528	0.191	1.854	1.626	1.473
No. 2-64UNF		64	0.3969	0.215	2.184	1.928	1.755
	No. 3-56UNF	56	0.4536	0.246	2.515	2.220	2.024
No. 4-48UNF		48	0.5292	0.286	2.845	2.502	2.271
No. 5-44UNF		44	0.5773	0.312	3.175	2.799	2.550
No. 6-40UNF		40	0.6350	0.344	3.505	3.094	2.817
No. 8-36UNF		36	0.7056	0.382	4.166	3.708	3.401
No. 10-32UNF		32	0.7938	0.430			

极限尺寸

螺纹分为多个等级，能生产出 JIS 中规定的标准螺纹固然好，但是实际上是不可能的。

无论什么螺纹，尺寸上或多或少都会有偏差。根据偏差的多少，规定了相关等级，一定的偏差是可以允许的。

这是说的允许偏差，并不是指允许牙型角有偏差、牙底的弧形不正确等。只是在标准牙型的基础上，允许一定的偏差。

▼普通粗牙螺纹的标准牙型、标准尺寸、极限尺寸、公差和加工余量的关系

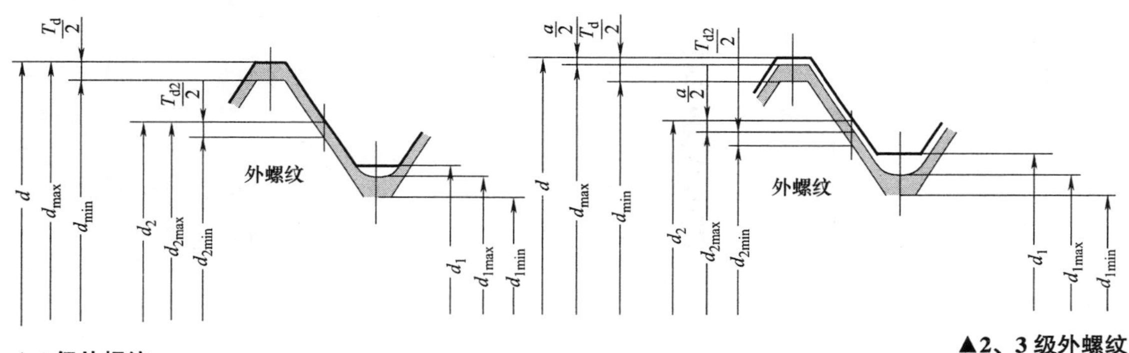

▲1 级外螺纹

▲2、3 级外螺纹

►1、2、3 级内螺纹

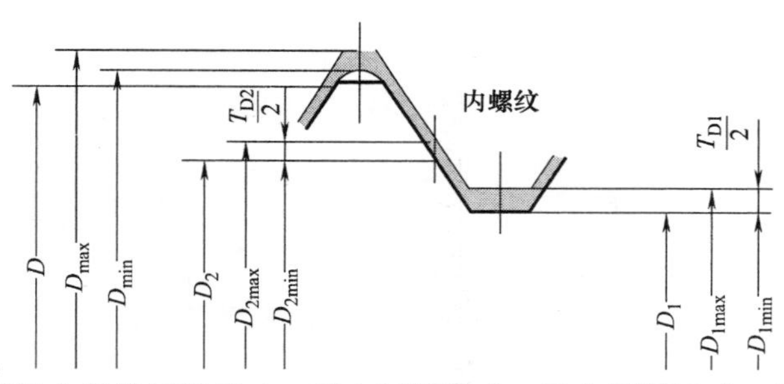

d、d_{max}、d_{min}、T_d 和 a：外螺纹大径的标准尺寸、最大极限尺寸、最小极限尺寸、公差和加工余量

d_2、d_{2max}、d_{2min}、T_{d2} 和 a：外螺纹中径的标准尺寸、最大极限尺寸、最小极限尺寸、公差和加工余量

d_1、d_{1max} 和 d_{1min}：外螺纹小径的标准尺寸、最大极限尺寸、最小极限尺寸

D、D_{max} 和 D_{min}：内螺纹小径的标准尺寸、最大极限尺寸、最小极限尺寸

D_2、D_{2max}、D_{2min} 和 T_{D2}：内螺纹中径的标准尺寸、最大极限尺寸、最小极限尺寸和公差

D_1、D_{1max}、D_{1min} 和 T_{D1}：内螺纹大径的标准尺寸、最大极限尺寸、最小极限尺寸和公差

粗的实线是把标准牙型着色后来表示外螺纹或者内螺纹的极限范围。

和公差

螺纹的等级，如第 33 页所示，普通螺纹有 1～3 级，统一螺纹有 3A～1A（外螺纹）级、3B～1B（内螺纹）级，按此顺序余量也越来越大。即 1 级螺纹的公差是很严格的，到了 3 级公差就会很大了。

普通粗牙螺纹的尺寸见下表。这里取了螺纹的一部分实际尺寸为例，列在下表中。

▼普通粗牙螺纹的极限尺寸和公差

（单位：mm）

螺纹的标称值	螺距 P	公差 a	大径			中径			小径		产品的长度	
			d_{max}	d_{min}	T_d	d_{2max}	d_{2min}	T_{d2}	d_{1max}	d_{1min}	大于	以下
1 级外螺纹												
M 6	1		6.000	5.900	0.100	5.350	5.280	0.070	4.773		0.8d	1.5d
M 7	1		7.000	6.900	0.100	6.350	6.280	0.070	5.773		0.8d	1.5d
M 8	1.25		8.000	7.890	0.110	7.188	7.108	0.080	6.467		0.8d	1.5d
2 级外螺纹												
M 6	1	0.030	5.970	5.820	0.150	5.320	5.220	0.100	4.743		0.8d	1.5d
M 7	1	0.030	6.970	6.820	0.150	6.320	6.220	0.100	5.743		0.8d	1.5d
M 8	1.25	0.040	7.960	7.790	0.170	7.148	7.038	0.110	6.427		0.8d	1.5d
3 级外螺纹												
M 6	1	0.030	5.970	5.770	0.200	5.320	5.180	0.140	4.743		0.8d	1.5d
M 7	1	0.030	6.970	6.770	0.200	6.320	6.180	0.140	5.743		0.8d	1.5d
M 8	1.25	0.040	7.960	7.740	0.220	7.148	6.998	0.150	6.427		0.8d	1.5d

螺纹的标记方法

简而言之，螺纹分为普通螺纹、统一螺纹、细牙管螺纹、30° 梯形螺纹。除去一般的，还有用于自行车和电灯泡、电线管等特殊用途的螺纹，各种各样都不太相同。如果厂商和用户都用自己的方法表示这些螺纹，那就比较混乱，也容易发生错误。

因此，JIS 标准中规定了螺纹的表示方法。

螺纹的标记方法

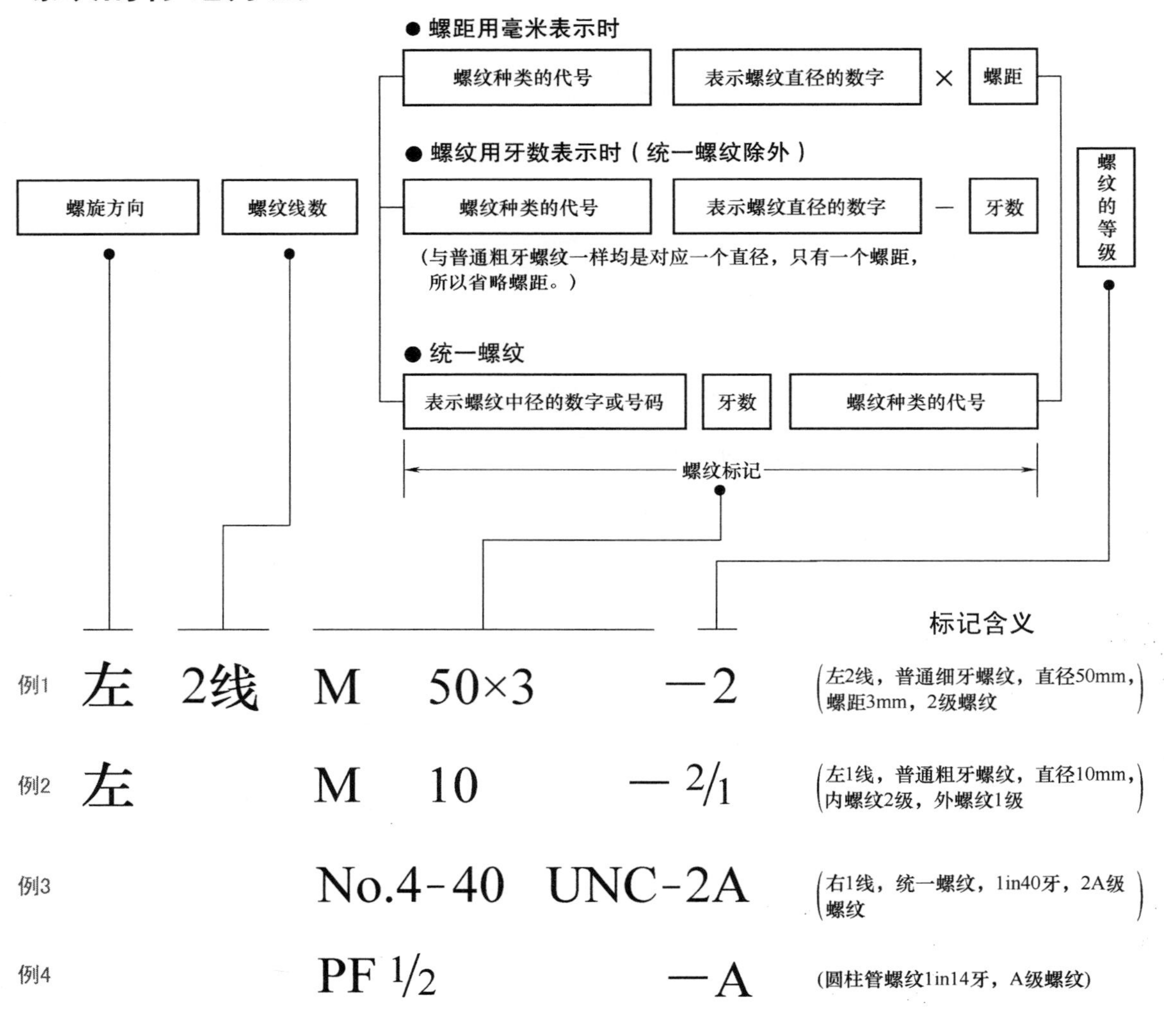

知道了螺纹的表示方法，对制图、生产，甚至，只要看一眼买螺纹时的收据、发票等就知道是什么螺纹了。

可以用以下的任意一种方法来表示螺纹。

●螺纹的旋向：螺纹中有右旋螺纹和左旋螺纹。左旋螺纹时，写上“左”，右旋螺纹时，什么都不写。

●螺纹的线数：1线螺纹、2线螺纹、3线螺纹等，螺纹中包括有多少线螺纹。

1线时，什么都不写。2线以上的多线时，写清楚“2线”、“3线”。

●螺纹的种类：各种各样的不同种类的螺纹用罗马字来表示。表1标明了该代号和公称值的例子。

●螺纹的等级：螺纹根据精度有不同的等级。等级通过数字或者数字和符号的组合来表示，见表2。

不需要表示等级时，可以省略。另外，同时表示内螺纹和外螺纹时，可写成2/1表示内螺纹/外螺纹。

表1　螺纹种类的代号和螺纹的标记方法

螺纹的种类		螺纹种类代号	螺纹标记的示例
普通粗牙螺纹		M	M8
普通细牙螺纹			M8×1 或M8×1(细牙)
小螺纹		S	S0.5
统一粗牙螺纹		UNC	$\frac{3}{8}$-16UNC
统一细牙螺纹		UNF	No.8-36UNF
30°梯形螺纹		TM	TM18
29°梯形螺纹		TW	TW20
圆锥管螺纹㊀	圆锥螺纹	PT(中国为R_1、R_2或Rc)	PT$\frac{3}{4}$
	圆柱螺纹	PS(中国为Rp)	PS$\frac{3}{4}$
圆柱管螺纹㊁		PF(中国为G)	PF$\frac{1}{2}$
薄钢电线管螺纹		C	C15
自行车专用螺纹	一般	BC	BC$\frac{3}{4}$
	轮轴		BC2.6
机床用螺纹		SM	SM$\frac{1}{4}$牙40
电灯泡螺纹		E	E10
汽车轮胎气门嘴螺纹		TV	TV8
自行车轮胎气门嘴螺纹		CTV	CTV8牙30

表2　螺纹等级的表示方法

螺纹种类	普通螺纹			统一螺纹						圆柱管螺纹	
等　级	1级	2级	3级	3A级	3B级	2A级	2B级	1A级	1B级	A级	B级
表示方法	1	2	3	3A	3B	2A	2B	1A	1B	A	B

注：中国标准GB/T 197—2003《普通螺纹　公差》规定，螺纹精度由螺纹公差带和旋合长度组成，普通螺纹的精度分为精密、中等、粗糙三种类型。——译者注

㊀ 对应中国标准为GB/T 3706.1—2000《55°密封管螺纹圆柱内螺纹（代号为Rp）和圆锥外螺纹（代号为R_1）》；GB/T 3706.2—2000《55°密封密管螺纹　圆锥内螺纹(代号为Rc)和圆锥外螺纹(R_2)》。

㊁ 对应中国标准GB/T 3707—2000《55°非密封管螺纹》(代号为G)。——译者注

制 图㊀

不仅限于机械图样，其他的各种图样上，也经常出现各种螺纹。这时，如果要连螺纹的牙型都一点一点地表示清楚，效率会很低。因此，只在图样上标记出螺纹，能够让看图的人和绘图的人都明白就可以了。

因而，只要求在图样上简略地标记出螺纹。通过简略的画法，让绘图的人和看图的人都能够明白就可以了。有时候甚至只画出代表螺纹和螺纹位置的轴线也可以。

在这里，介绍了很多不同情况下的螺纹的画法（当然，也包含识图方法）。

螺纹部位的图示

螺纹牙顶的线、完整牙型部分和不完整的牙型部分的边界线使用粗线（边界线），牙底和不完整牙型部分的线用细线（相当于粗线的 1/2）来表示。这时，看不到的地方如果有螺纹，用虚线表示。

外螺纹

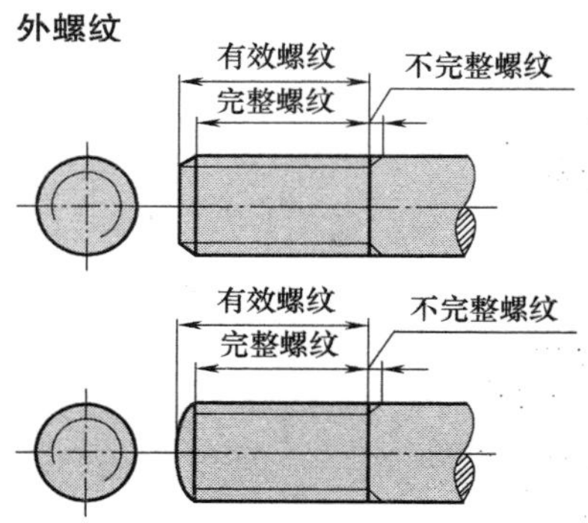

上图中外螺纹的末端有倒角的情况，下图为末端有圆弧的情况。

内螺纹

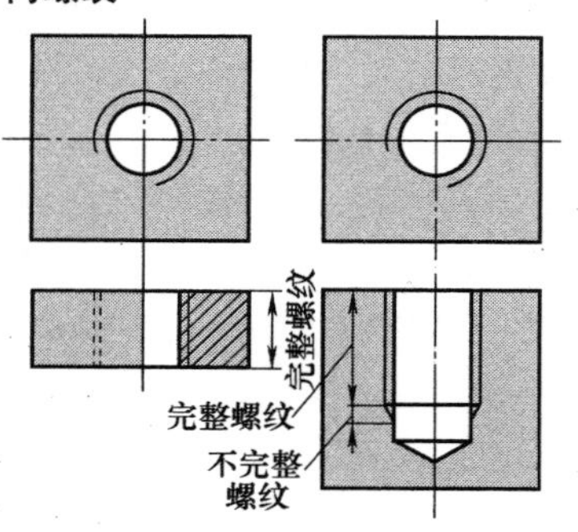

左图为螺纹穿透的情况，右图为螺纹不穿透的情况。

㊀ 螺纹及螺纹零件的制图方法详见《机械图样解读》分册，本书中螺纹的表示方法与中国标准略有不同。——译者注

各种螺纹的图示

下列图示是螺栓和螺母的画法。图（A）的画法是一般的作图法，简略画法为图（B）。图（B）是没有不完整牙型部分的画法。为了区别完整牙型部分和不完整牙型部分，在图中可以表示有效螺纹部分和完整牙型部分的尺寸。不完整牙型部分就不用说了。

六角头螺栓·螺母　**方头螺栓·螺母**

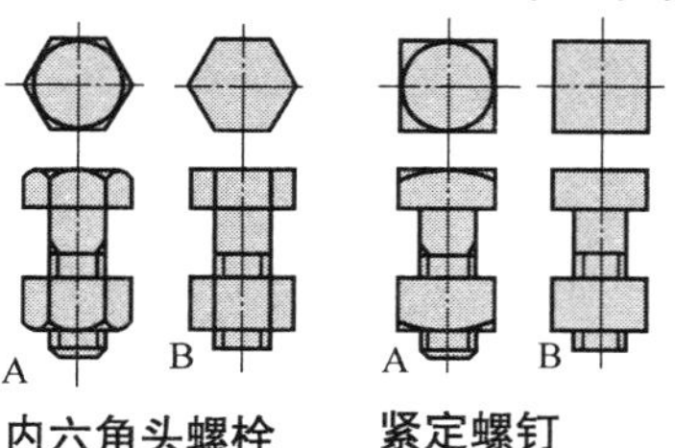

内六角头螺栓　**紧定螺钉**

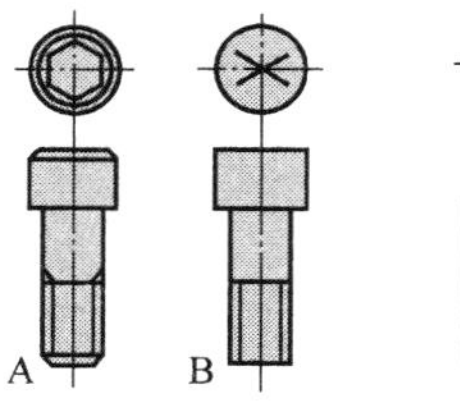

开槽小螺钉

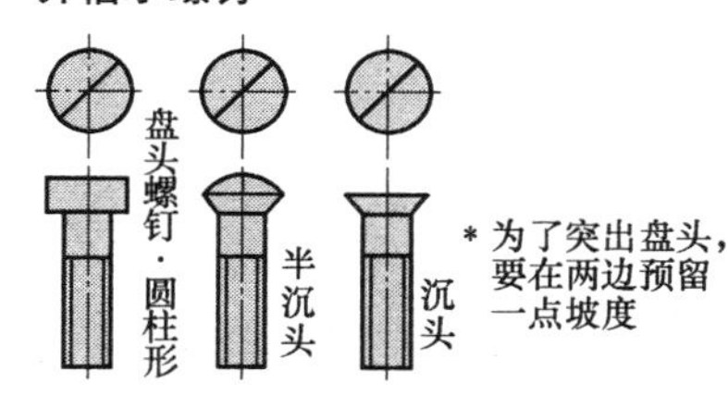

* 为了突出盘头，要在两边预留一点坡度

十字槽小螺钉　**木螺钉**

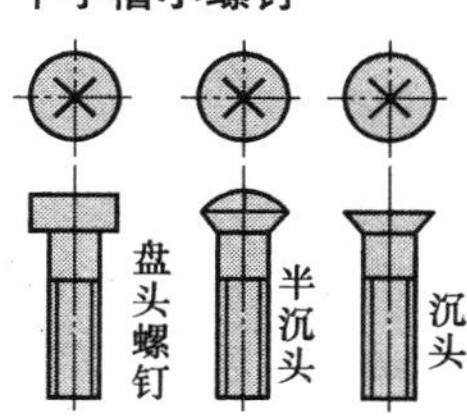

螺纹旋合部的图示

螺纹大部分都是外螺纹和内螺纹配合使用的，所以要表示出旋合相交的部分。因为外螺纹和内螺纹旋合在一起，所以粗线逐渐向细线部分延伸，粗线就成了两条线，这样很难理解。所以，以外螺纹成为基准，画剖面的时候，要把线画到内螺纹的牙底。

螺纹的旋合部

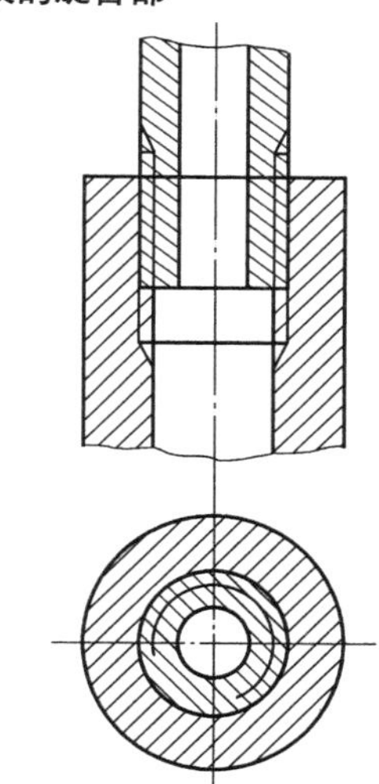

螺纹部的旋合部（双头螺柱）

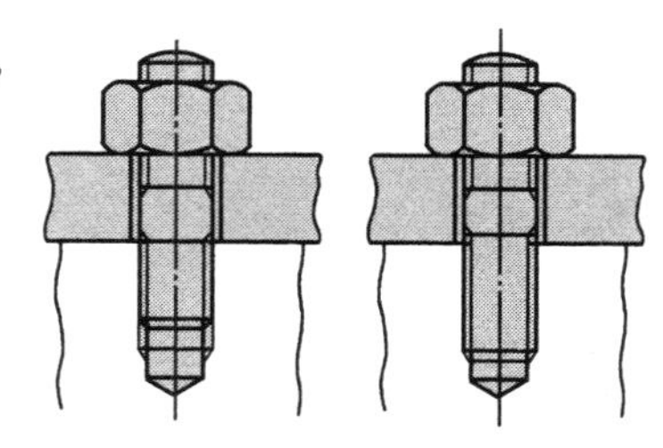

实际上，双头螺柱可以完全紧固到不完整牙型部分，在制图时，要画成紧固到完全牙型部分。

机械剖视图中的螺纹图示

把机械的一部分用剖视图表示时，如果机械的零件之中也包含螺纹。这时，如果也画出螺纹，反而让人难以理解。所以螺纹不在剖视图表示，而是在外观图画出来。

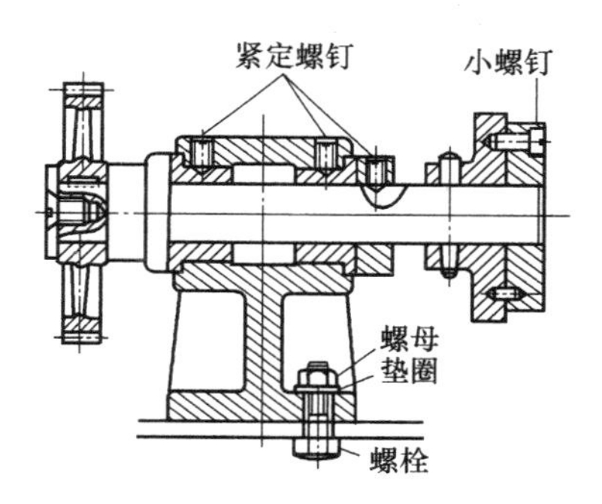

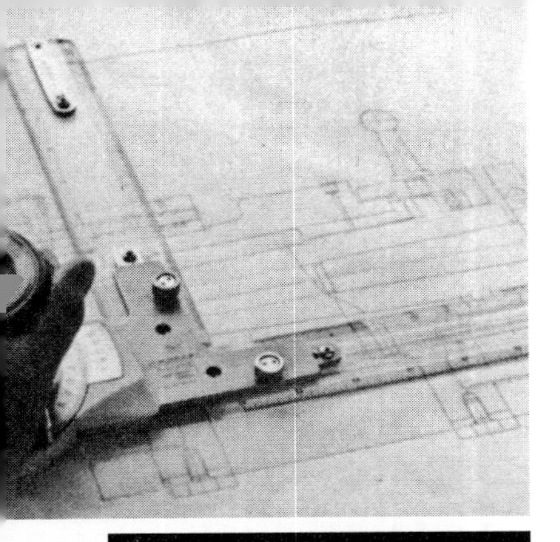

螺纹的表示方法

以上所说明的仅仅是制图中的单独画出螺纹部分。表示加工图样中的螺纹时，如果没有对螺纹的形状和大小进行说明，就无法进行加工和组装。所以，要标上代号、粗糙度符号、精加工符号等。

30mm 普通螺纹，表面粗糙度 3.2S

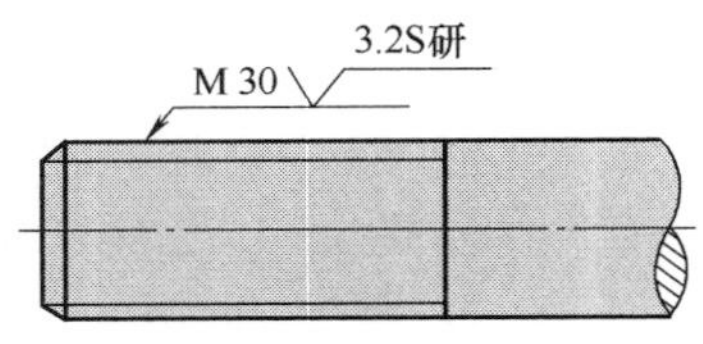

统一螺纹

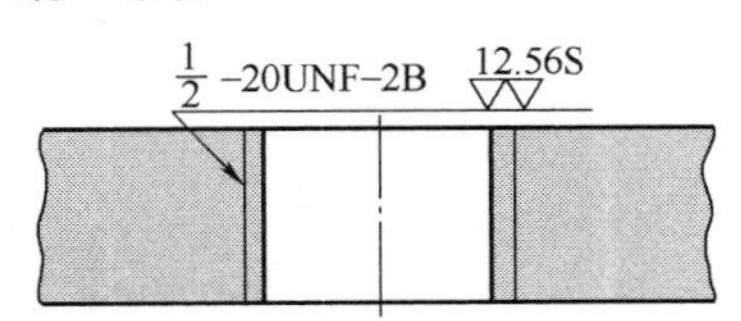

多线螺纹，导程在（）中说明

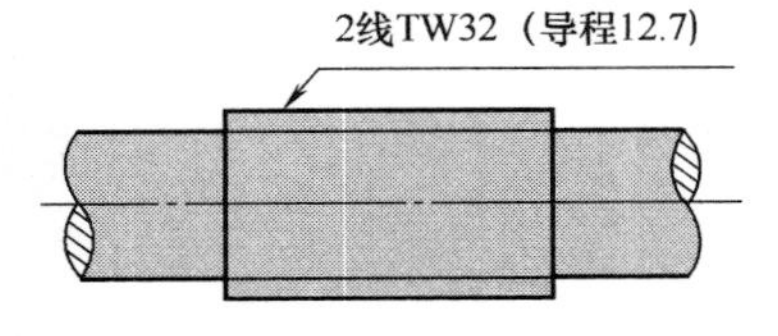

圆锥管螺纹（对应中国标准为 R_1 或 R_2）

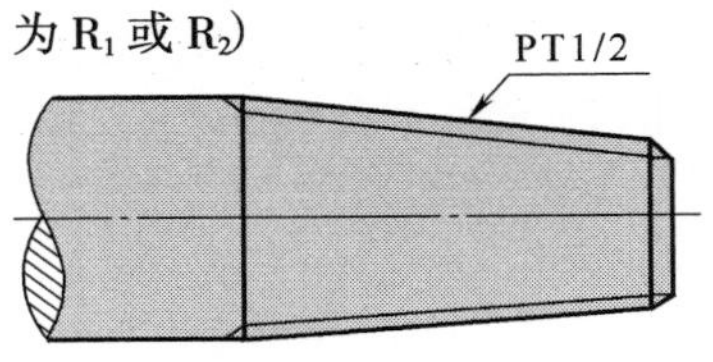

30°梯形螺纹（29° 梯形螺纹为 TM）

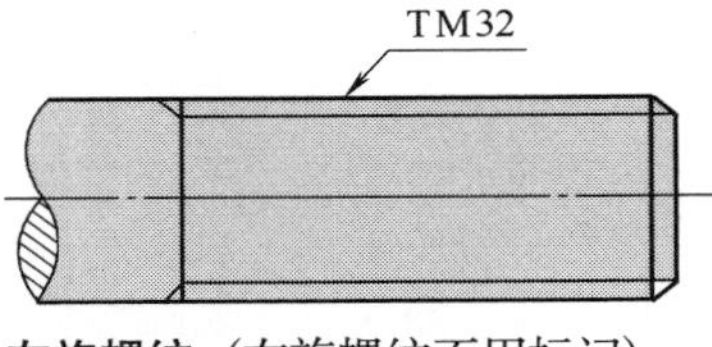

左旋螺纹（右旋螺纹不用标记）

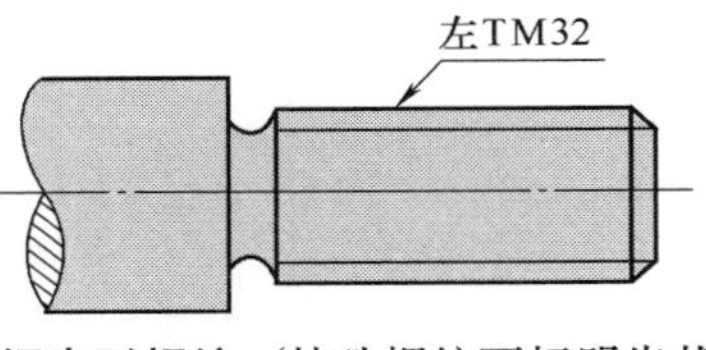

锯齿形螺纹（特殊螺纹要标明齿状的断面）

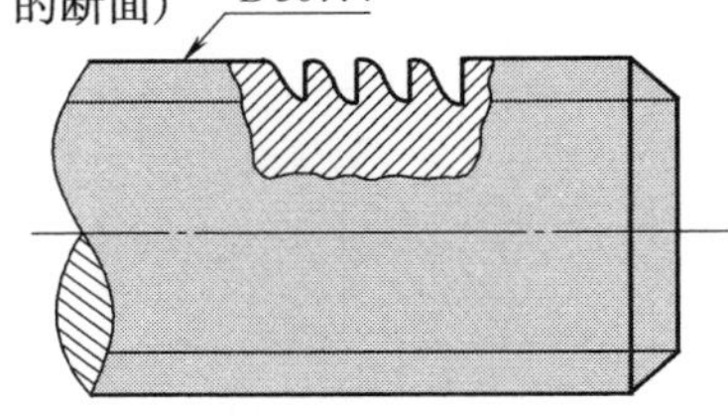

要特别标明的"螺纹"

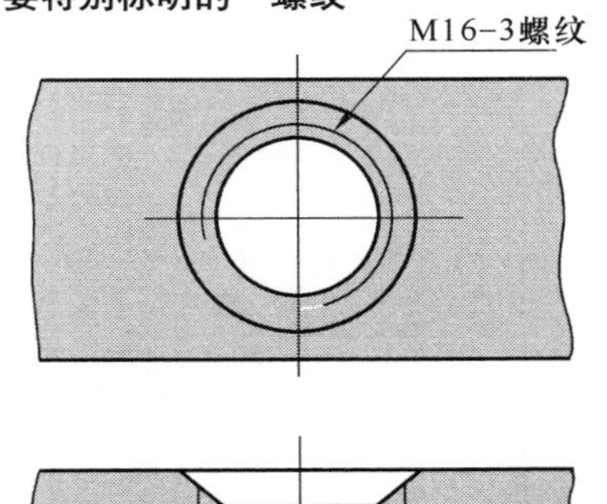

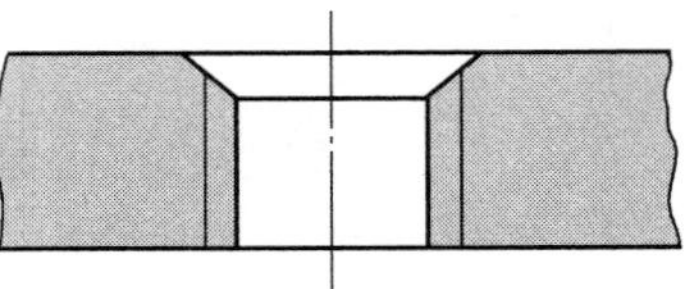

内螺纹的完整牙型部分和螺纹底孔的深度

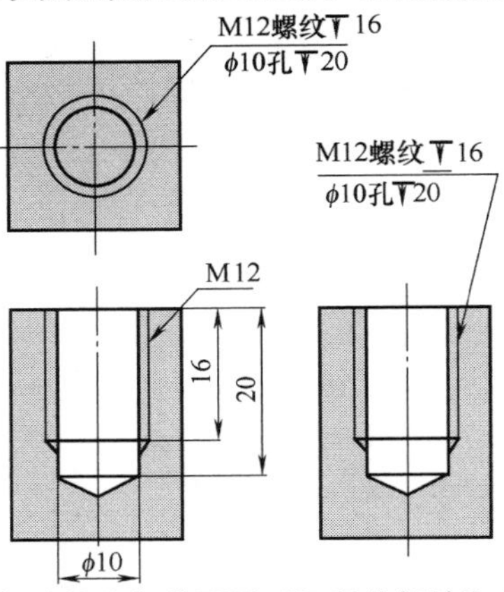

螺纹旋合部分要同时标明外螺纹和内螺纹

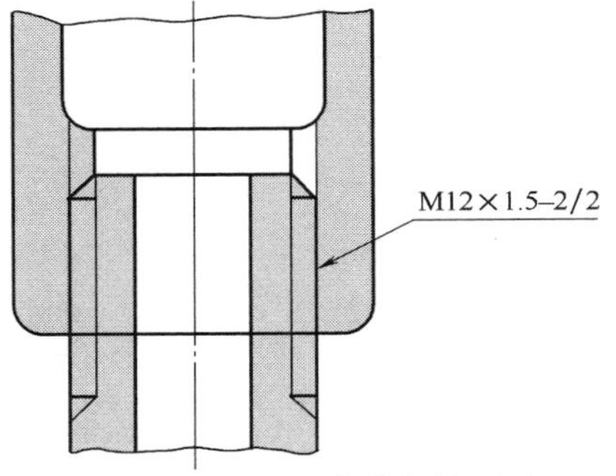

在标准直径处标记圆锥管螺纹（对应中国标准中螺纹副代号为 Rc/R_2）

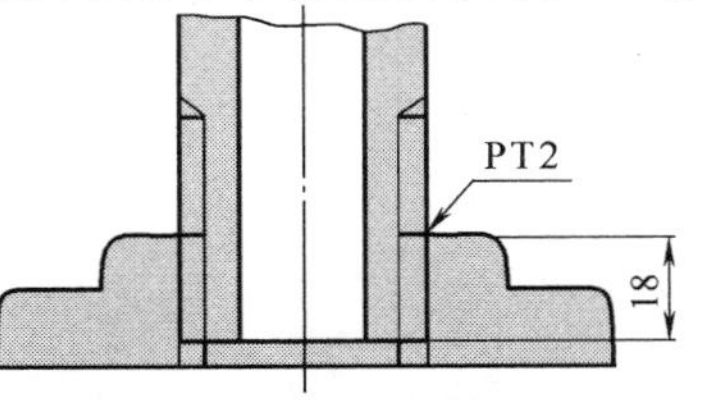

圆锥管螺纹和圆柱管螺纹的螺纹副（对应中国标准中螺纹副代号为 Rp/R_1）

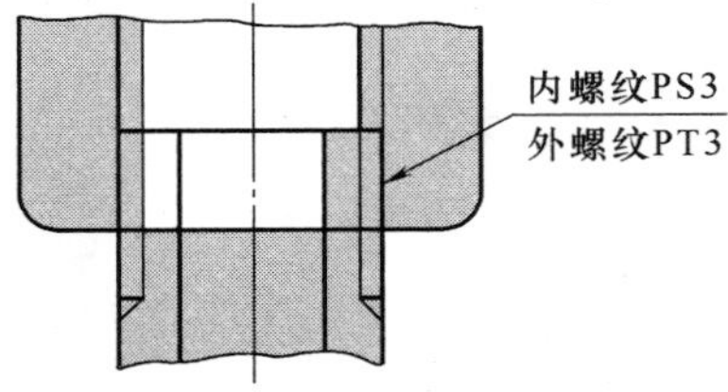

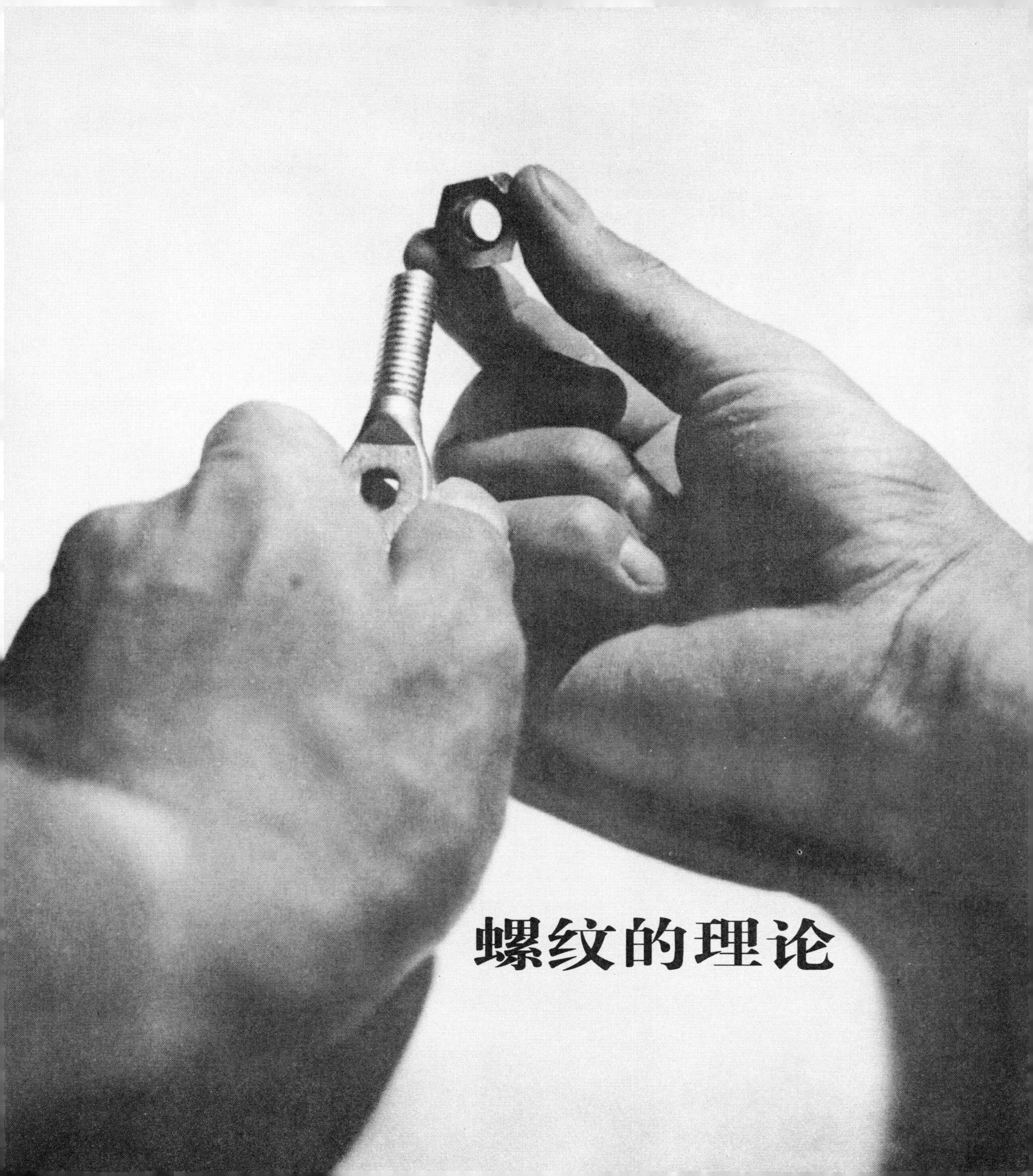

螺纹的理论

导程和螺距（螺纹升角和螺旋角）

螺纹是指所有带螺纹牙的圆柱形或圆锥形的物体。在我们的工作和日常生活中所使用的螺纹不计其数。这些螺纹是在圆柱或者圆锥形的四周镶嵌了同压花一样的一些突起的纹路（螺纹牙）。

沿着螺纹牙，绕圆柱或者圆锥一周所移动的轴向距离就叫做导程，和导程类似的还有螺距。螺距是指从一个螺纹牙到下一个螺纹牙之间的轴向距离。

导程和螺距，如果对单线螺纹来讲，是一样的。2线、3线等多线螺纹时，就不同了。比如：3线螺纹，从一个螺纹牙（A）转一周到了另一个螺纹牙（A′）。n 线螺纹的螺距，相当于导程的 $1/n$。

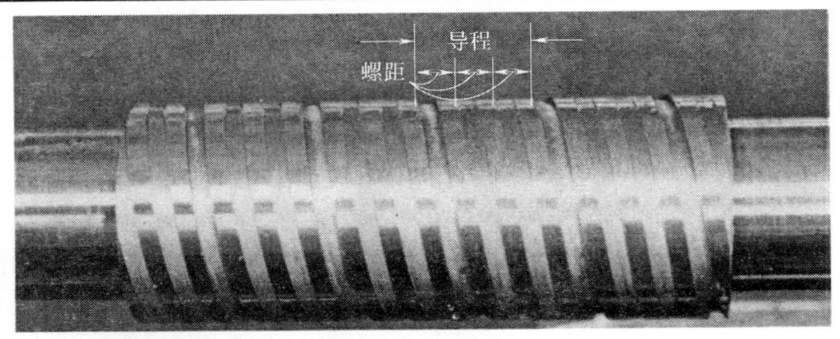

▲加工3线螺纹的过程。不同于单线螺纹，螺距和导程不一样。这时，导程是螺距的3倍。

在圆柱上切削的是圆柱螺纹，也是最一般的螺纹，在圆锥的外侧切削的螺纹是圆锥螺纹。圆锥螺纹见图1，有两种测量方法。

一般情况，螺距用○mm表示，而且，因为是单线螺纹，所以螺距和导程是一样的。

决定导程的是螺纹升角（导程角）。如图2所示，在圆柱的外围用直角三角形的纸围起来，刚好旋转一周时轴向的距离就是导程。这时 $\angle MON$ 就是螺纹升角。按照JIS中的定义，即为“螺纹牙的螺旋线与通过其1点的螺纹轴成直角平面的夹角”。螺纹升角也被称作“导程角”。螺纹升角的补角就是“螺旋角”。用公式表示

螺旋角 α（$=90° - \phi$）

$$\cot \alpha = \frac{l}{2\pi r}$$

螺纹升角 ϕ

$$\tan \phi = \frac{l}{2\pi r}$$

式中　r——螺纹的半径(mm)；

l——导程（mm）。

螺纹升角和中径有关，在同样螺纹的情况下，螺纹升角越大，导程（螺距）也越大。不要混用螺纹升角和螺旋角。

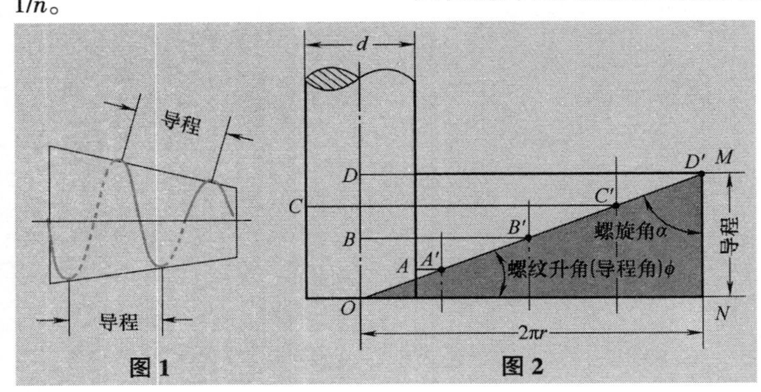

自锁效果和导程

螺纹能用于紧固，即把外螺纹和内螺纹一起拧紧，被称为“自锁效果”。

所谓的“自锁”，即对于一头是尖的楔形，敲打另外粗的一头，使得尖头嵌入到某物中，一旦嵌进去，用一般的方法是拔不出来的。可以用锤子把楔形敲进去。拧螺纹时，一边的螺纹牙就会旋入另一个螺纹里去。

此部分见第 38 页图 2 的深色部分就能够明白了。这个三角形就是楔形（有自锁作用）。所以，拧紧螺纹时，就相当于把三角形从右向左旋转。

如本页图 1 所示，楔形斜面的一点 F 为向左的水平推力。那么向上的箭头 W，是螺纹的轴向力。W 力也就是由螺纹自锁效果而产生的拧紧力。

▲螺纹升角大的螺纹是 16 线的多线螺纹，大约旋转 1 周半就可以结束轴方向上的移动。

F 是由旋转产生的水平力，也形成了根据自锁效果产生的大力 W_1，比让螺纹旋转时产生的力更大。因为轴方向上产生了很大的力，楔形用普通的方法无法拧松。这个螺纹一旦拧紧，就不会向反方向运动，所以无法拧松。

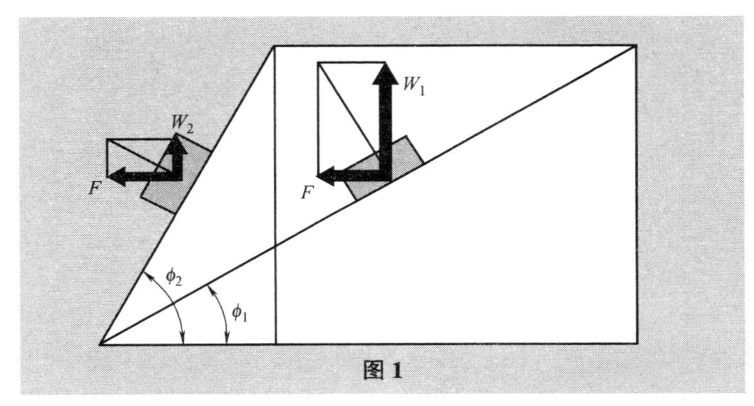

图 1

这个自锁效果的大小，很大程度上是由螺纹升角的大小来决定的。对于导程 ϕ_1 越小，相比水平方向（螺纹的旋转方向）的 F 力，轴向 W_1 的力越大。对于螺纹升角 ϕ_2 越大，W_2 会越来越小。这幅图是个极端的例子，实际上有像 ϕ_2 这样大的螺纹升角的螺纹是不存在的，只是为了表明螺纹升角和自锁效果的关系。

从而，可以说明如果螺纹的螺距小（螺纹升角小），即使使用相同的力，也可以紧固得很牢。把螺纹松开时，F 和 W 相向，螺纹升角小，F 就无法和大力 W 对抗，所以仅仅靠 F 是不能松开螺纹的。

中径

外螺纹和内螺纹旋合时，螺纹牙的斜面（齿侧面）应该会互相接触。实际接触时，在传导力的位置上，牙厚和槽宽相等，叫做中径。

中径和螺距一样，是螺纹上很重要的部分。

中径有两部分，即单一中径和作用中径。

请看图 1，—— 线表示有螺距误差的螺纹轴断面。——线表示和螺纹紧密结合的标准螺距和标准牙侧角的螺纹轴断面。*AB*=*BF*= 螺距 /2 的圆柱形的直径是作用中径，*AB*=*CD*= 螺距 /2 的圆柱形的直径是单一中径。

旋合螺纹产生作用力时，作用中径就会出问题。加工螺纹时无论怎么注意，都不可能做出标准螺纹。在一些地方多少会有些偏差，即有螺距偏差和牙侧角偏差。

这两种偏差，加上（内螺纹是减去）单一中径，即为作用中径，发挥实际作用。

加工螺纹时，单一中径也特别重要，JIS 的极限尺寸，对公差都进行了严格的规定，必须要注意。螺距偏差和牙侧角偏差等 JIS 标准中没有规定，是可以允许有偏差的。

希望能够加工出偏差比较小的螺纹时，就减小公差。比如，不能接受 3 级牙侧角偏差时，就加工 1 级或者 2 级螺纹。

这样，牙侧角的偏差就可以减小了。

滚压螺纹一般允许单一中径有中径公差的 1/2，所以 1 级螺纹和 2 级螺纹中，不会出现 2 级螺纹偏差大于 1 级螺纹的情况。

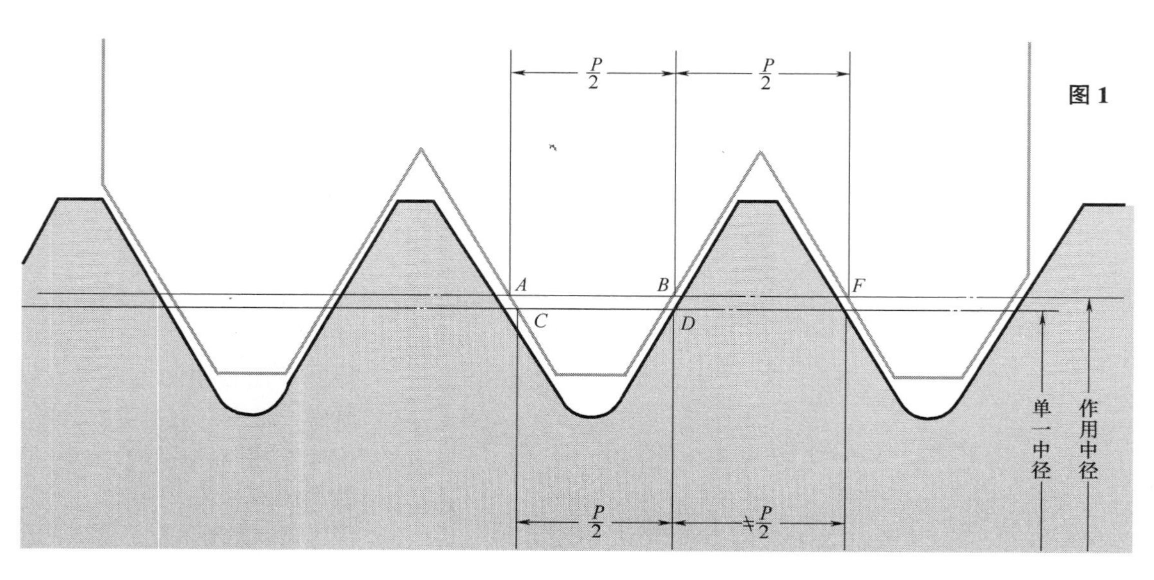

图 1

旋合率

螺纹都是以内螺纹和外螺纹配对一起使用来发挥作用的。即随着螺纹牙和螺纹槽的旋合，传递力量，起紧固作用。这时，旋合高度就是螺纹接触度，旋合率是和标准牙型对比，用百分比表示的比率。

$$旋合率=\frac{(外螺纹大径-内螺纹大径)}{2\times 标准螺纹接触高度}\times 100\%$$

加工内螺纹的底孔时，要考虑旋合率。

$$普通螺纹的底孔径=d-2\times 0.541266P\times\left(\frac{旋合率}{100}\right)$$

d——外螺纹的外径；

P——螺距。

旋合率与内螺纹、外螺纹两者的牙型高度都有关系，以外螺纹为基准牙型，尝试改变旋合率时，来变化内螺纹的牙型高度。

参考图 1，图中所示为外螺纹和内螺纹旋合时的同比缩小的正三角形断面面积。现在旋合率是 100%时，正三角形有 45 个。如果把旋合率调成 60%，正三角形有 33 个。33/45 × 100 = 73.3（%），旋合率是 60%，螺纹牙的断面面积是 73.3%，螺纹牙的强度也与之成一定比例。即使内螺纹牙高度降低，螺纹牙的强度却没有减小。

实际上，加工螺纹时，因为不能只加工外螺纹的部分。所以，减小内螺纹的牙型，减小旋合率，那么加工底孔后的切削量会减少，效率会不一样。

螺纹的旋合率，一般在 70% ~ 80%之间，用于振动和反复加载时，要高于此比例；用于气密螺纹时是 100%。仅仅只是紧固螺栓和螺母时，最好为 50% ~ 60%。

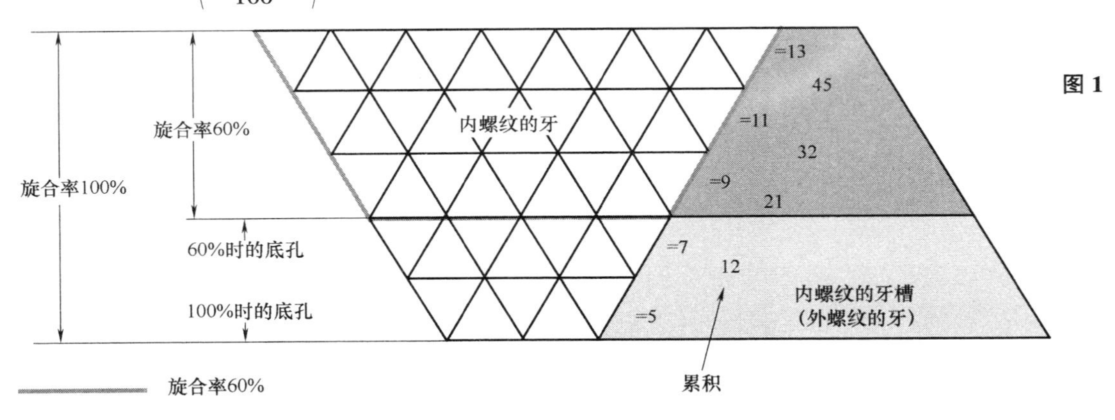

图 1

螺纹强度

表 1　螺栓　小螺钉的力学性能

项目		3.6	4.6	4.8	5.6	5.8	6.6	6.8	6.9	8.8	10.9	12.9	14.9	—	—	—	—
强度区分	Ⅰ栏	3.6	4.6	4.8	5.6	5.8	6.6	6.8	6.9	8.8	10.9	12.9	14.9	—	—	—	—
	Ⅱ栏	—	—	—	—	—	—	—	—	—	—	—	—	4T	5T	6T	7T
抗拉强度/(kgf/mm^2)	最小值	34	40		50		60			80	100	120	140	40	50	60	70
	最大值	49	55		70		80			100	120	140	160	—			
硬度 布氏硬度 HB	最小值	90	110		140		170			225	280	330	390	105	135	170	201
	最大值	150	170		215		245			300	365	425	—	229	241	255	277
硬度 洛氏硬度 HRB	最小值	49	62		77		88			—				—			
	最大值	82	88		97		102			—				—			
硬度 洛氏硬度 HRC	最小值	—	—		—		—			18	27	34	40	—			
	最大值	—	—		—		—			31	38	44	49	—			
屈服点和屈服强度/(kgf/mm^2)	最小值	20	24	32	30	40	36	48	54	64	90	108	126	23	28	40	50
保证载荷应力	应力比	0.94	0.94	0.91	0.94	0.91	0.94	0.91	0.88	0.91	0.88	0.88	0.88	—			
	kgf/mm^2	18.8	22.6	29.1	28.2	36.4	33.9	43.7	47.5	58.2	79.2	95.0	111	—			
破裂后的伸长率(%)	最小值	25	25	14	20	10	16	8	12	12	9	8	7	10	10	10	15
楔形抗拉强度		和抗拉强度的最小值相同															
冲击强度/($kgf \cdot m/cm^2$)										6	4	3	3	—			
头部打击强度		头部同圆柱部之间的连接部分不可有裂痕															

注：$1kgf/mm^2$=10MPa，1kgf=10N。——译者注

螺纹零件，即螺栓、小螺钉、螺母等。它们的强度究竟如何，在 JIS 标准中称为“力学性能”，对螺栓、小螺钉、螺母做了规定。

关于螺栓、小螺钉的强度，在Ⅰ中分为 12 栏，Ⅱ中分为 4 栏。Ⅰ的划分优先。这些划分，用带有小数点的 3.6、4.6、5.8、6.9、…、14.9 等数字表示。例如 4.6 是指：

4——抗拉强度 $40kgf/mm^2$;

6——屈服点或屈服强度的最小值是抗拉强度最小值的 60%。

Ⅱ中 4 个区分是 4T、5T、6T、7T 是抗拉强度的最小值，分别表示 $40kgf/mm^2$、$50kgf/mm^2$、$60kgf/mm^2$、$70kgf/mm^2$。

螺栓、小螺钉等，使用抗拉强度即变形破坏前的强度来表示是不正确的，应该是按照在屈服点前所受力的大小来考虑。Ⅱ中的区分是按照旧的规格制作的。

螺母有 4、5、6、8、10、12 的强度区分。这些数字各自表示 40 ~ $140kgf/mm^2$ 的保证载荷应力。

螺栓的保证荷载应力，是在屈服点或者屈服强度的 90%左右，所以螺栓、螺母两者的数字接近，可以结合起来看。

以前的抗拉强度规定，螺栓和螺母旋合时，螺母要使用相对小的强度。

表 2　螺母的力学性能

强度区分		4	5	6	8	10	12	14
保证载荷应力/(kgf/mm^2)		40	50	60	80	100	120	140
硬度（最大值）	布氏硬度 HB	302				353		375
	洛氏硬度 HRC	30				36		39

螺纹牙数

螺栓和螺母一起使用时，加在螺母上的力并不是均匀分布在螺母的各个螺纹牙上。如果是平均分布，那么如果旋合长度越长，螺纹就应该越强。实际上，按照图 1 所示，越接近接触面，第 1～2 牙上的力越大，后面的螺纹牙就不会承受那么大的力。

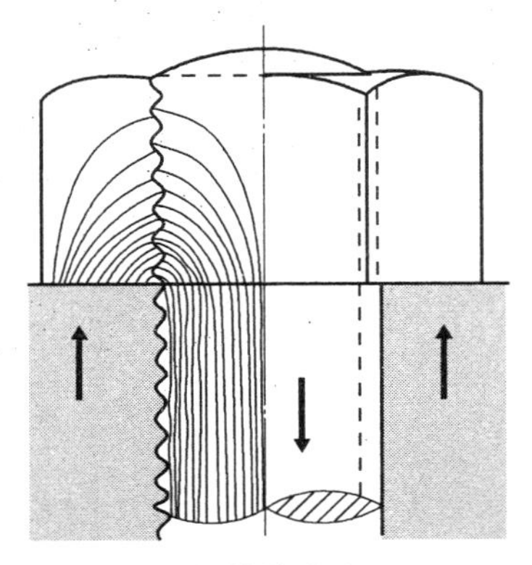

图 1　贯穿螺栓的应力

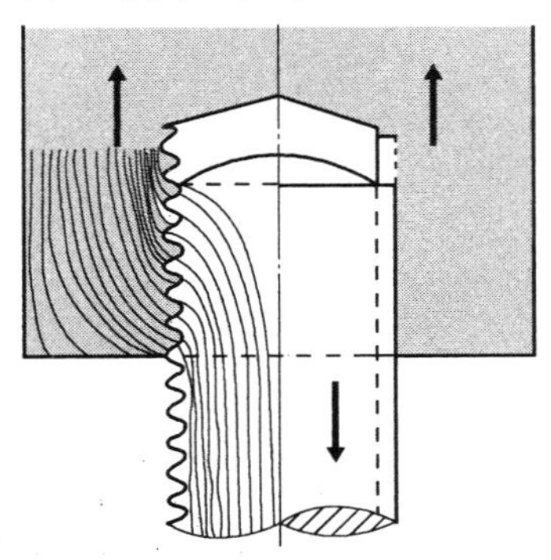

图 2　双头螺柱的应力

因而，旋合的长度内至少要有 3 个牙以上。另外，随着离接触面越远，螺纹的受力越来越小，即使有那么多螺纹牙（旋合长度），紧固时，只是增加了这些不起作用的螺纹牙而已。

以上适用于贯穿螺栓。双头螺柱如图 2 所示，作用力分布在嵌入的各个螺纹牙上。所以，像贯穿螺栓，并没有区分开易受损或者不易受损的螺纹牙。

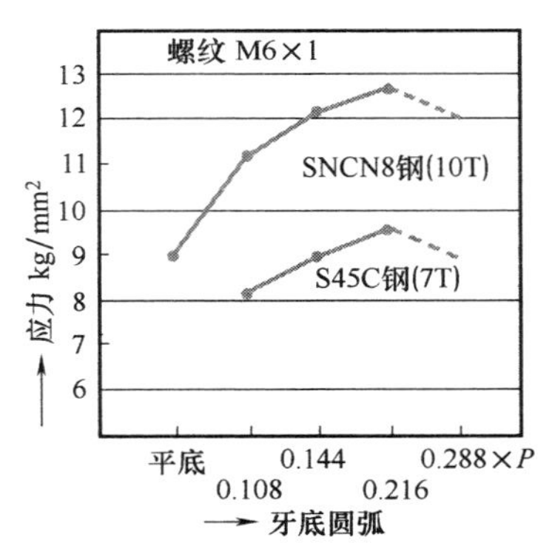

图 3　螺纹的牙根弧度和应力

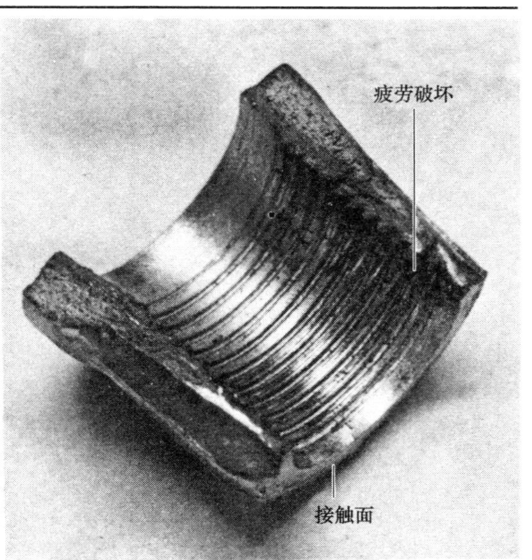

▲用螺母做试验，接近接触面处易疲劳破坏

照片是旧螺母的剖分图。接近接触面的牙受损了。

对螺纹牙加力，螺纹牙会产生与之平衡的抗力，单位面积上的力叫做应力。正因为有应力，对螺纹牙施加力时它的形状才不会破坏。

应力会随着螺纹牙根的弧度不同而变化。用 M16×1 的螺纹做试验，结果如图 3 所示。牙根的弧度越大，应力也随之越大。

从试验中也可以得知，增加牙根的弧度，也是增加螺纹硬度的方法之一。

螺纹旋合长度

外螺纹和内螺纹互相旋合部分的轴方向上的测量长度，叫做螺纹旋合长度。

内螺纹的旋合长度包括倒角部分（见图1）。

螺纹牙上的破坏形式中，有弯曲、也有剪切造成的。从螺纹牙型的形状上看，三角形螺纹的弯曲造成的破坏较多，矩形螺纹和梯形螺纹的剪切破坏较多。

同一材质的螺栓和螺母旋合时，螺栓一圈牙根的长度比螺母的要小，弯曲阻力也小。即同材质的螺栓和螺母，螺栓牙的强度低，就会先破损。

表1　不同材质的螺纹旋合长度

螺栓材料	螺母材料	旋合长度
钢	钢	$\approx d$
钢	铸铁	$\approx 1.5d$
钢	青铜	$\approx 1.25d$

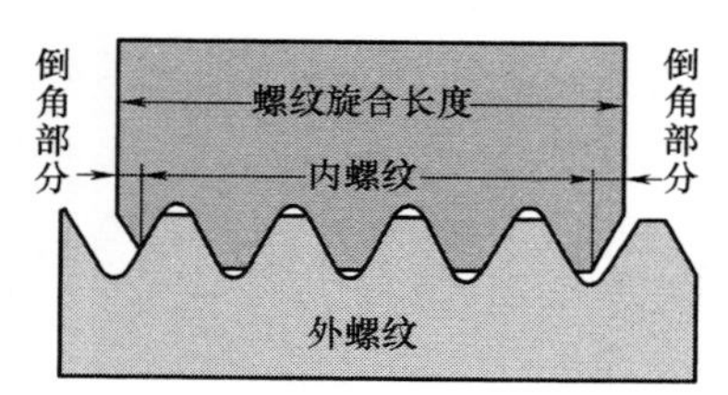

图1　旋合长度

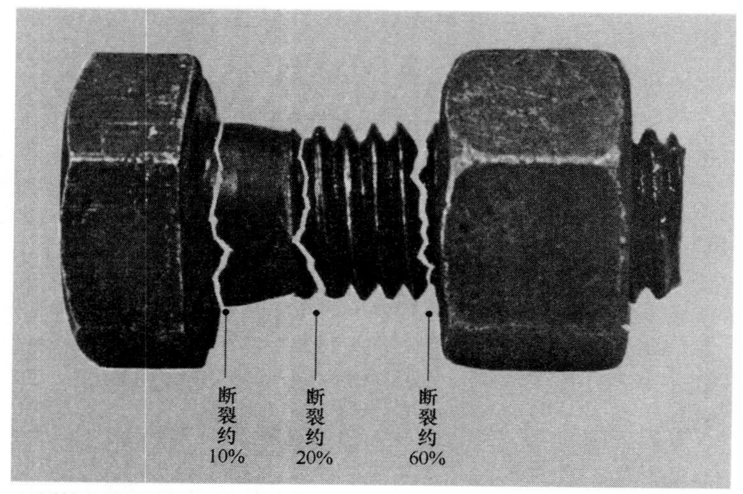

▲螺栓和螺母旋合时，通过反复地紧固，螺栓自身会损坏，直到断裂破损。此时，破坏最多的是与螺母的接触面，达到60%之多。

螺栓和螺母旋合，增加抗拉载荷时，螺纹旋合长度变短，旋合的牙数变少时，螺栓或者螺母的螺纹牙就会受剪切而破损。

那么，螺栓和螺母旋合时，多长的螺纹旋合长度合适呢？这和材质、螺纹的直径、牙数等有关。

螺母和螺栓用同样的材料，或者用更硬的材料时，计算时旋合长度用 $0.6d$ 就行了。可是使用扳手等工具紧固时，会产生扭转应力，螺栓的抗拉强度变弱，所以需要再长一些的螺纹旋合长度。

所以，在JIS标准中，螺栓和螺母的旋合长度是螺母牙的直径（d = 内螺纹的内径）的0.8～1.5倍。螺母的材料比螺栓差时，螺纹的直径还要大（见表1）。

定心度

牙型有很多种，可以分为有牙型角的和没有牙型角的两种。有角度的是三角形螺纹、梯形螺纹和圆弧螺纹等。没有角度的是矩形螺纹。

将两者进行比较。请看图 1、图 2。

图 1 是三角形螺纹，图 2 是矩形螺纹旋合的情况。

图 1 是把螺纹按与轴线垂直切开形成的断面。外螺纹旋转、施力。此时与轴线平行的方向都受如箭头所示的力，和螺纹牙的侧面平行，轴方向受力。

如图所示，从上到下向轴心方向施力，外螺纹的轴线在互相作用的挤压力下，不能弯曲。

这样的力作用在螺纹的四周，所以像车床的丝杠一样，即使只有两边有支撑力，螺纹也不会弯曲，不会产生弯曲误差。

有这种力也就有定心度。梯形螺纹与三角形螺纹的原理与此相同。

与之相反，矩形螺纹受到如图 2 箭头所指的与螺纹的轴线相平行的力作用。所以，与三角形螺纹不同，没有阻止轴线弯曲的力。

从这种性质来看，要施加较大的力，而且要求一定的运动精度时，不能使用矩形螺纹而要使用梯形螺纹。

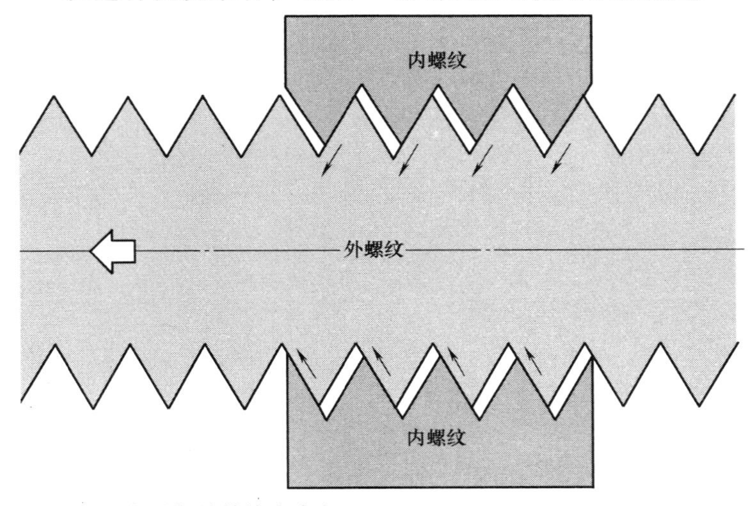

图 1　三角形螺纹的施力方向

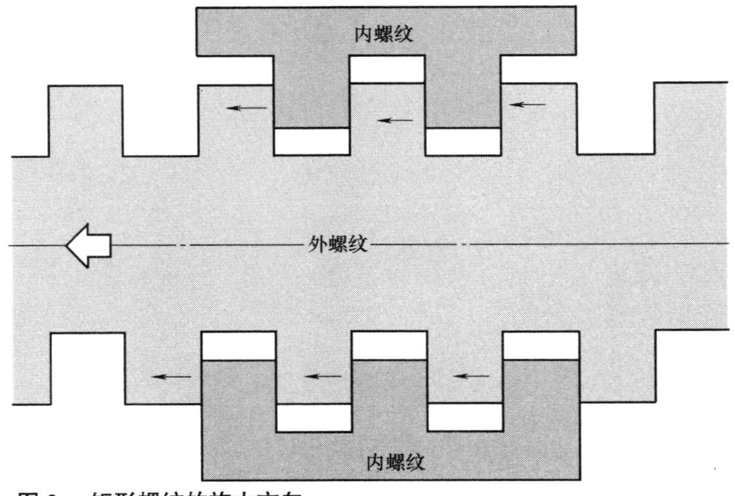

图 2　矩形螺纹的施力方向

紧固力

把扳手和扭力扳手套在螺母和螺栓上，加力旋转木螺钉、小螺钉，这样才能紧固，也可用液压、气压和电动旋入工具。这时的转矩是螺纹表面的摩擦转矩和接触面上的摩擦转矩之和。这个力太大时，就会破坏螺纹牙，螺纹本身也会损坏。但是，紧固力太小时，就达不到紧固效果。

现在，紧固螺栓时，主要借用螺纹表面的摩擦、螺纹的导程、接触面的摩擦等。比率是 40∶10∶50。最后，一口气用劲拧紧，其中一半力量是用于克服接触面的摩擦力。

紧固时，使用多大的力合适？取决于螺纹径、材质和硬度。适当的力量被称为适宜紧固力或者适宜紧固力矩。例如，普通螺纹 M6-4.8T 和 M8-4.8T，标准分别是 0.46kg-m⊖ 和 0.78kg-m。螺纹径越大，数值也越大（见表 1）。

使用扳手、扭力扳手紧固时，力的大小在螺栓的破坏力（屈服强度）的 50%～70% 最适合。用扭力扳手时，要事先设置必要的力矩，在这之上再紧固，只能是空转，用不上力。因而，紧固力太大，也不会损坏螺纹。但用扳手拧小的螺栓时，会损坏螺纹。

表 1　紧固螺栓的力矩

	螺栓直径	标准力矩（kg·cm）
普通材质的螺栓	6mm	65
	8″	138
	10″	280
	12″	490
	14″	800
	16″	1,230
	20″	2,420
	$\frac{3}{8}$in	233
	$\frac{7}{16}$″	374
	$\frac{1}{2}$″	556
	$\frac{9}{16}$″	828
	$\frac{5}{8}$″	1,150
	$\frac{3}{4}$″	2,100
	$\frac{7}{8}$″	3,400
高强度螺栓	6mm	132
	8″	286
	10″	570
	12″	998
	14″	1,600
	16″	2,510
	20″	4,940
	$\frac{3}{8}$in	486
	$\frac{7}{16}$″	778
	$\frac{1}{2}$″	1,158
	$\frac{9}{16}$″	1,650
	$\frac{5}{8}$″	2,310
	$\frac{3}{4}$″	4,360
	$\frac{7}{8}$″	7,010

▲扭力扳手

▲使用扭力扳手紧固

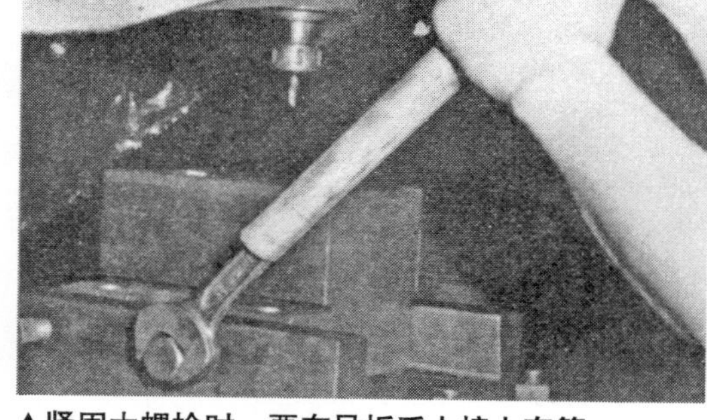
▲紧固大螺栓时，要在呆扳手上接上套管

⊖ 1kg-m=10N·m。——译者注

紧定

有时会认为螺栓和螺母以及小螺钉已经紧固得很牢了，但过了一段时间后有的就会松动。这就是螺纹的松动。

在这种松动中，分为两种情况：

① 螺栓、螺母旋转松动，或者两者都旋转松动了。

② 螺栓和螺母都没有旋转，但是松动了。

例如，有没有过激烈振动或者高温的情况呢？尽管使用了紧固用的螺栓和螺母，还会容易松动了，完全起不了作用。

除了被紧固物件本身的变形、失去弹性等情况外，为了避免其松动，要加强外螺纹和内螺纹的接触面的摩擦阻力。

为了防止螺栓和螺母、小螺钉等在紧固时松动，实际操作中可有意识地应用加强摩擦阻力的方法。

这种方法很多，下面举例说明。

▲在螺母上做出一个不同螺距的螺纹牙，使螺母的一部分变形

▲给螺母加上垫圈，通过垫圈的支撑作用，防止松动

▲给螺母套上切槽环，螺纹牙的部分比螺母的内径大

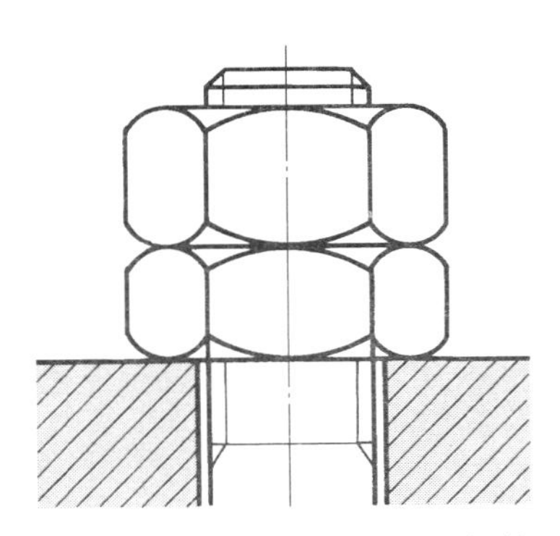

▲使用两个螺母，在螺母之间的压力作用下，可以防松

▲加了棘轮状的垫圈的螺栓，把螺母的垫圈做成了棘轮状

▲螺栓中插入了橡胶圈，紧固时橡胶圈部分变形，使螺纹部分压紧

“紧固”作用

▲紧固在一起的螺栓和螺母的轴向断面

用螺栓和螺母紧固工件时，三者之间会是怎样的状态呢？

螺栓受轴向上的牵引力作用，工件受压缩力。同时，螺栓和螺母旋合时接触的螺纹牙受到弯曲力作用。这三个力一起发挥作用，才使螺纹紧固住工件。

根据这些力，出现螺栓拉伸，工件受到压缩，螺纹牙挠曲的现象。

请参考图 1。①紧固之前，紧固力还没发挥作用，螺栓和螺母的接触面已经和工件接触。②因为已经开始紧固，因此所受的力发挥作用就表现为拉伸、压缩和挠曲力。

这时，螺纹的挠曲小，特别是被紧固的是厚工件时，可以忽略不计。一经过拉伸、压缩、挠曲，会产生延长而产生空隙，使用扳手用力转动螺母就可以紧固。

这时，转动螺母的角度（θ）是拉伸＋压缩＋挠曲＝导程×$\frac{\theta}{2\pi}$。（θ是弧度）。

发生拉伸、压缩、挠曲等变形时，各自内部也会产生反作用力。

比如，给工件加压力，工件会像弹簧一样产生反力，这称为弹性，弹性根据工件的材质和形状而异。如果压缩力超过了弹性界限值，就恢复不到原来的形状了。这样，工件上就会留下螺栓和螺母接触面的痕迹。

也可以说，工件和螺栓紧固在一起了。

综上所述，螺栓发挥拉伸力，小螺母也是一样。只是使用小螺母时，替代螺母的工件起相同的作用，由于受到压力而紧固在一起。

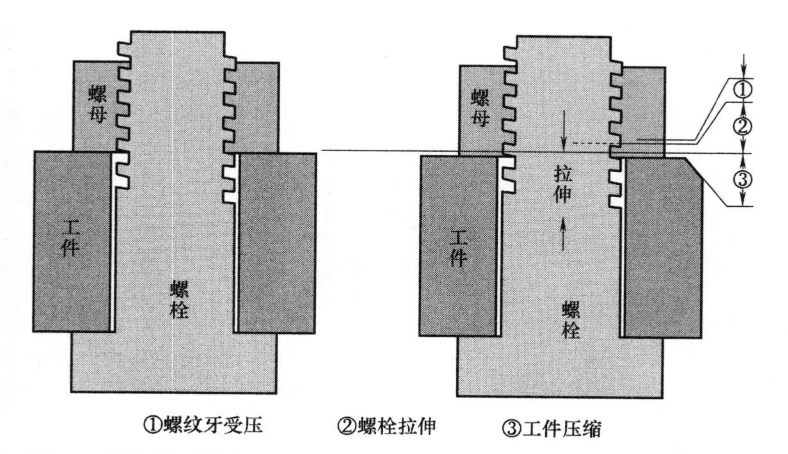

图 1　紧固前后的变化

进给丝杠

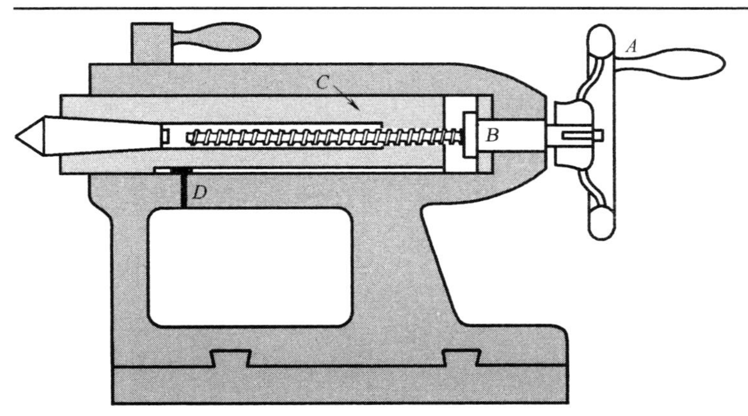

图 1　车床主轴箱的构造

三角形螺纹主要用于紧固，而矩形螺纹和梯形螺纹、锯齿螺纹等主要多用于力的移动和传动。

这些螺纹与三角形螺纹相比，螺纹升角小，随着螺纹牙的滑动，摩擦力也小。另外，比三角形螺纹的螺纹牙强度大。

根据这些特征，这些螺纹多在车床的丝杠、主轴箱、千斤顶、冲床、台虎钳等螺纹作为传递动力使用。

使用外螺纹和内螺纹时，如果向一个方向旋转，也必将会带动对方向另一个方向旋转。要固定外螺纹或者内螺纹，使其不向某一方向旋转，就要使其在螺纹旋转时前进。用于传动的螺纹就是应用这个原理。图 1 是车床的主轴箱。

用手转动手柄 A，随着和它连接在一起的螺纹杆 B 的转动，可以把螺纹牙产生的转动力传给阀杆螺母 C。但是，阀杆螺母的转动会因为 D 键而被阻挡，阀杆螺母就会向前滑或者向后退。这时使用的螺纹是梯形螺纹。

推动螺纹转动的力，有多少是用于直进运动的，这取决于螺纹的效率。为了加强用于这种运动螺纹的效率，必须降低螺纹牙侧面的摩擦阻力和螺纹牙侧面相接触时的滑动摩擦阻力。

螺纹的效率如图 2 所示，矩形螺纹比三角形螺纹的效率高（梯形螺纹和三角形螺纹近似）。

机床上使用的进给丝杠，几乎都是梯形螺纹。这是因为梯形螺纹比矩形螺纹的定心度好、精度高。

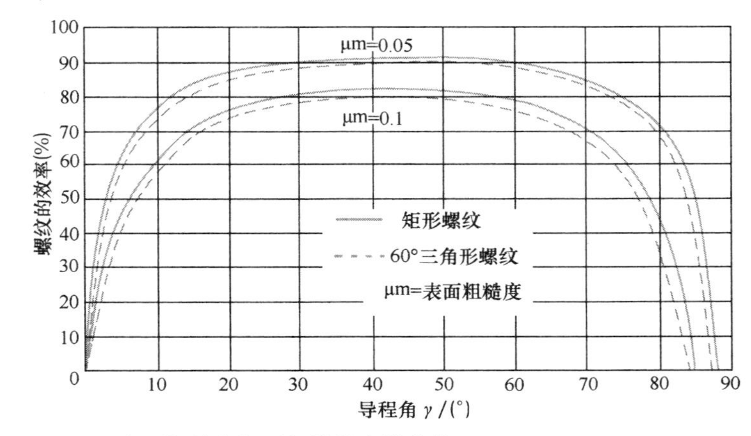

图 2　三角形螺纹和矩形螺纹效率的比较

接触面

螺栓和螺母紧固工件时，约有一半力作用螺母与螺栓头的接触面上（见第 46 页）。因而，接触面在紧固时也发挥重要的作用。

为了能产生大的紧固力，必须要增加接触面的摩擦力。为此，可采用增大接触面的平均半径增大或使接触面变粗糙的方法。

请参考图 1。①的接触面是倾斜的。这样，螺栓的接触面和被紧固工件的接触面积小，只是接触面积的一部分受力。紧固时，接触面受力的仅仅是 A 的一部分。

正因为这样，单位面积所承受的力增大了，会使工件产生裂纹，紧固力也会不够。而且，拧紧螺栓后，由于振动会传来一定的力，和接触面相触的地方有时也会产生裂痕或者松动。

像②一样，接触面有凹凸不平的情况下，既可能增大接触面积，也可以加大摩擦力，接触面积变化了就会容易松动。

从而，接触面和螺纹的轴线垂直，表面粗糙度不好，就不能起到很好的紧固的作用。所以，JIS 标准中规定螺栓和螺母对于接触面的倾斜角，最大限度是 1°。

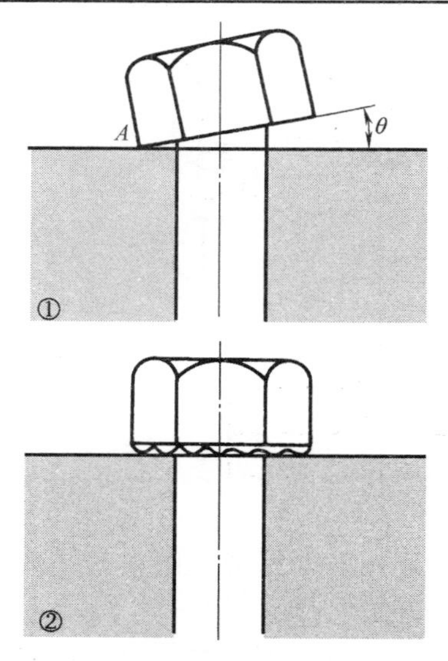

图 1　接触面的倾斜角和凹凸不平

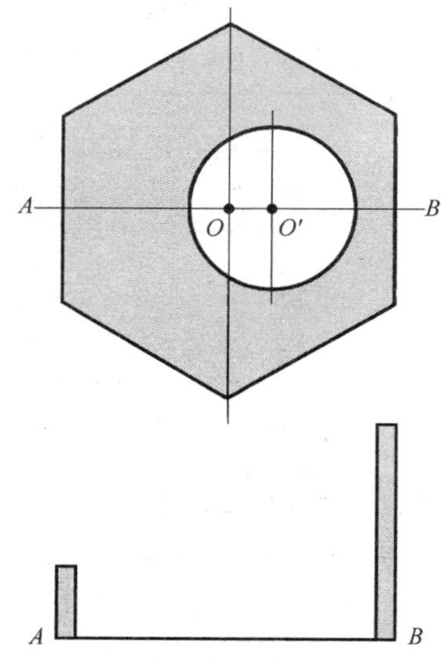

图 2　单位面积的受力

正如接触面不能凹凸不平一样，工件表面也不能有凹凸不平。如果工件多少有些凹凸不平，紧固时可以使用平垫圈。一般，如果使用垫圈，就会增大接触面积。

另外，如果螺栓头部有偏心，垫圈的受力也会偏。如图 2 从 O 偏心到了 O'，A 单位面积的受力比 B 一下就小了很多。

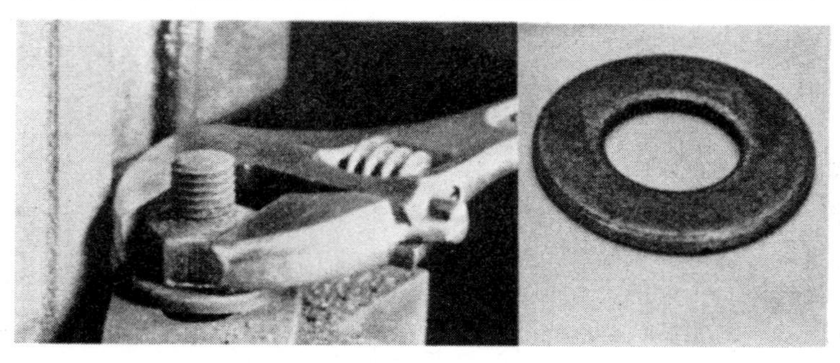

▲和孔相比，螺母较小时可使用垫圈，这样可以增加接触面积，保护工件

配合公差

螺纹一定要有互换性。带螺纹的机械零件数量非常多，使用范围广泛。以前生产的机床上所带的螺栓和螺母、小螺钉等，损坏后要换下来。如果因螺纹不能替换而造成机床本身不能使用了，就会造成很大的浪费。

同样，A 公司生产的螺栓无法和 B 公司生产的螺母相配合使用，就无法发挥机械零件的功能。

可是，对于螺纹，无论怎样精心地制作，也不可能生产出形状、尺寸完全相同的零件。

因此，为了让在任何地方制作的螺栓和螺母都有互换性，可以通过预估尺寸误差来生产零件（参照第 30 页的尺寸公差）。

即只要在一定的尺寸范围内就有互换性。螺纹的标记不同，公差要求也不同。

比如普通粗牙螺纹 M45 的外螺纹中径的公差，1 级螺纹是 0.140mm，2 级是 0.210mm，3 级是 0.290mm。误差是指外螺纹和内螺纹配合使用时，有这么多的螺纹缝隙。现在，前面所说的 M45 的外螺纹作为连接螺纹，使用 3 级螺纹，就说明中径有 0.72mm 的空隙。也说明螺纹径向上有这么大的螺纹空隙。当然，轴方向上也会有空隙。

参考 M10 的公差范围，如图 1 所示，如果在公差范围内，那个螺纹的牙型面是坑坑洼洼（稍微有点极端的说法）的也可以。JIS 的螺纹规定中，没有表面粗糙度的问题。

2、3 级的外螺纹上有余量（空隙），这个余量有以下功能：

① 紧固时，螺纹自由移动，可以和螺纹面有很好地接触。

② 很快把螺纹固定在紧固位置。

③ 可以用于电镀。

外螺纹和内螺纹如果按照标准牙型尺寸制作出来会怎样？能旋合吗？需要反复旋合紧固时是不能使用的。一般机床多使用 2 级螺纹。1 级螺纹用于发动机的振动部位和防水的地方，3 级螺纹是多用螺纹，多用于不通孔螺纹等。

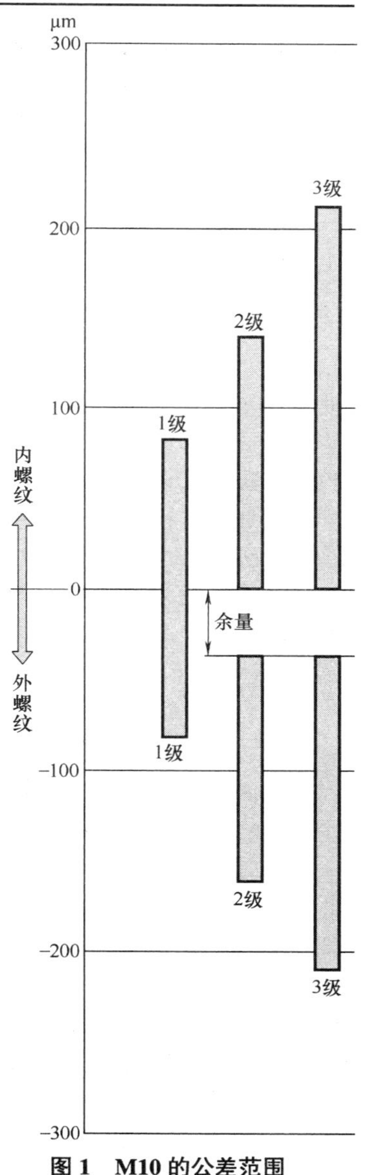

图 1　M10 的公差范围

切削速度

对于螺纹加工，用车床加工螺纹不是效率最高的加工。但是，无论是加工内螺纹还是外螺纹，尽管根据工件的大小、形状、材质、螺距等的不同，而有各种各样的变化，但是为了能够方便地进行螺纹加工，在众多领域都广泛使用车床加工螺纹。

车床加工螺纹时的切削速度比普通车削加工要慢。

根据工件材质的不同，切削速度不一样，见表1。

看看这个表就会明白，加工螺纹时，切削速度变化很大。比普通车削时附加了很多条件。其中最主要的因素是，在进行螺纹切牙顶操作时，会产生积屑瘤。修整螺纹牙顶时，加工工件会根据操作者的技能差异很大。但是，通过培训，这个差距可以缩小。

用硬质合金刀加工钢质件螺纹时，在低于40m/min的低速时，容易产生积屑瘤和挤裂，不能顺利地进行切削。在大于50m/min的速度切削时，受操作者的熟练程度影响很大。

根据切削速度的不同，积屑瘤有时会产生，有时不会产生。加工螺纹的刀具与普通车削用刀具相比较，刀尖形状受到限制。如果切屑排出不畅，就容易产生积屑瘤，螺纹的加工面就会出现挤裂或划伤。

加快切削速度或者是降低切削速度，不一定会产生积屑瘤。加大前角也不会产生积屑瘤。

如果可以解决这些问题，切削速度当然是越快越好。

再则，实际上用硬质合金加工螺纹时，切削速度要快（为了精加工面的精度而加快切削速度）。当然，要想很好地完成加工任务，必须要有熟练的技能。

另外，为了防止产生积屑瘤，最好要用油性较好的切削液，比如动植物油（菜油、精制菜油等）。

表1　切削一般螺纹的加工速度

材　质	加工速度（高速）/（m/min）
低碳钢	8~15
高碳钢	4~8
铸铁	4~15
不锈钢	2~4
黄铜（软质）	10~30
黄铜（硬质）	6~15

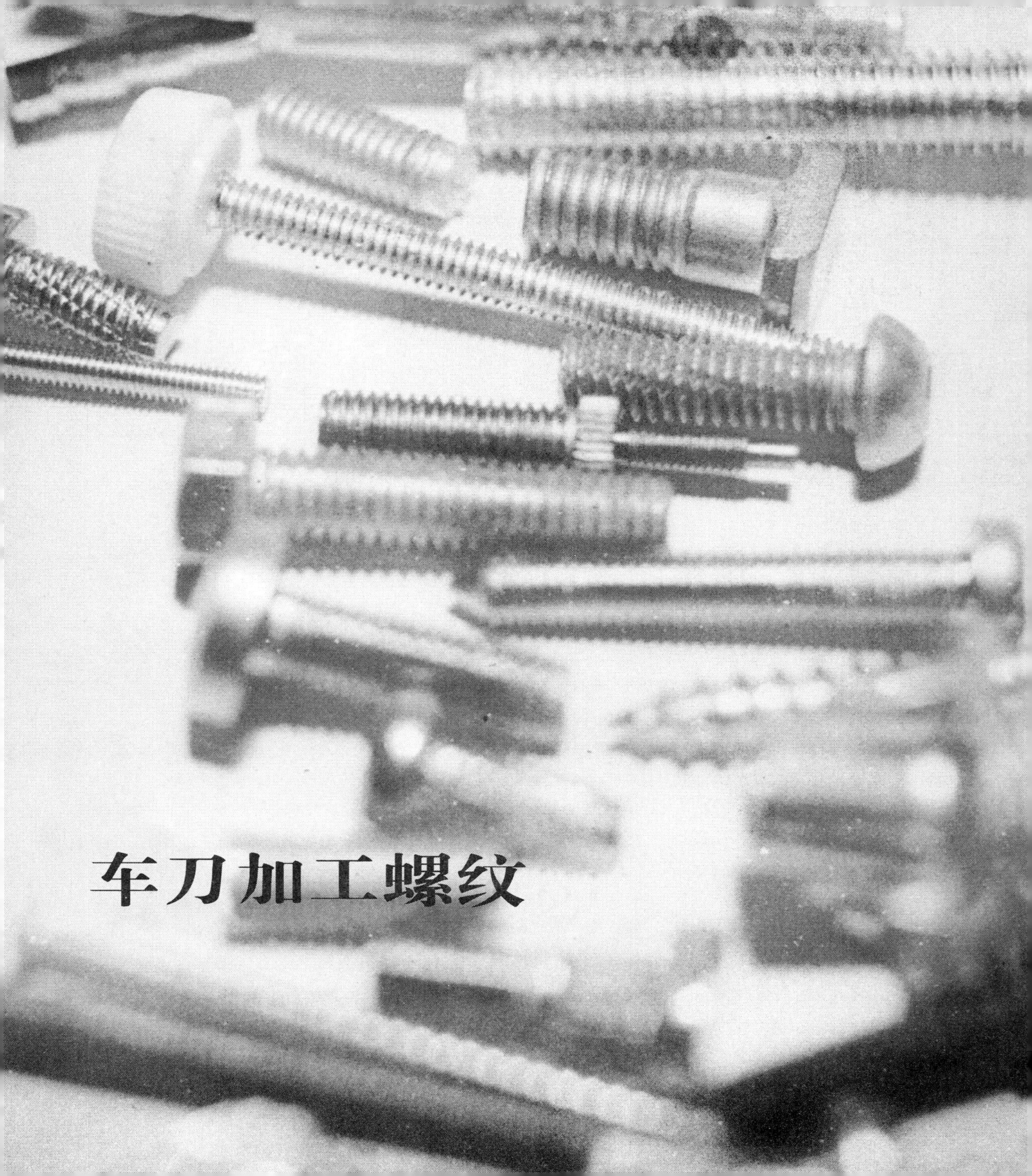

车刀加工螺纹

螺纹加工原理

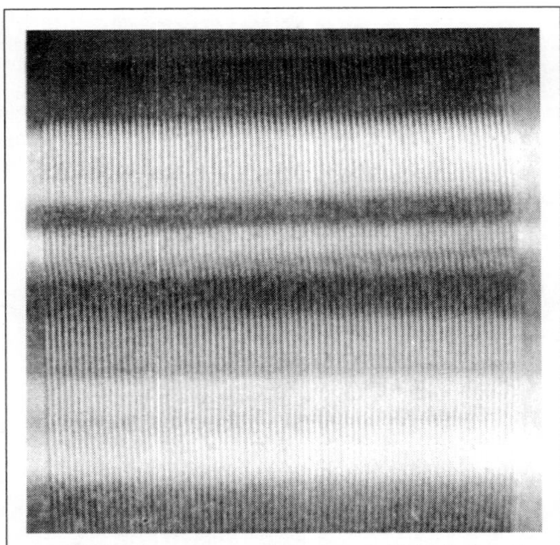

▲进给量为 0.4mm/r 时，用刀尖粗糙的车刀加工后的粗加工面。可以将这种凹凸看成螺纹，螺距就是 0.4mm。

车床的主轴 = 被切削材料旋转，导轨 = 把车刀按照一定的速度进给切削外圆周就是圆柱切削。要把车刀按照一定的速度进给，需要车床主轴上的齿轮传送装置的运动，才能保持一定的速度。车床的装置基本上就是这样工作的。

把加工圆柱的车刀的切削刃，磨尖后粗加工零件，圆柱的外周就会变成和切削刃一致的凹凸或者成锯齿状。这样的凹凸不平和锯齿状与螺纹牙是相对应的。即凸出的部分就是螺纹的牙，凹进去的部分就是螺纹的沟槽。

可是，该螺纹牙和沟槽一定要是正确的形状比例。圆柱粗加工时进给量较大，与加工螺距小的螺纹类似。一般加工螺纹时需要快速进给。

◀螺纹螺距由齿数比确定

对于主轴的转动，一定的速度 = 按螺纹螺距移动的往复工作台 = 进给时，通过齿轮使主轴旋转。因此，此装置就是进给装置。但是，螺纹的螺距约是圆柱切削进给量的 10 倍，为了保证正确的螺距，相同往复工作台 = 使用丝杠来进给。

◀中央是丝杠

往复工作台的溜板箱中带有开合螺母。内螺纹对应外螺纹，丝杠对应螺母，该螺纹被分割成一半，所以叫做开合螺母。

如果把开合螺母和丝杠相旋合，随着丝杠的旋转，螺母也移动。因为螺母是固定在溜板箱 = 往复工作台 = 车刀上的，所以往复工作台 = 车刀也应一同移动。

这种丝杠的转动，和最初讲到的圆柱切削的进给是一样的，因为主轴 = 被切削材料会按一定的比例转动，所以往复工作台 = 车刀按照一定的比例 = 成为螺纹的螺距。之后，丝杠的转速比由齿轮确定，经过多种调整即可生产出多种螺距的螺纹。

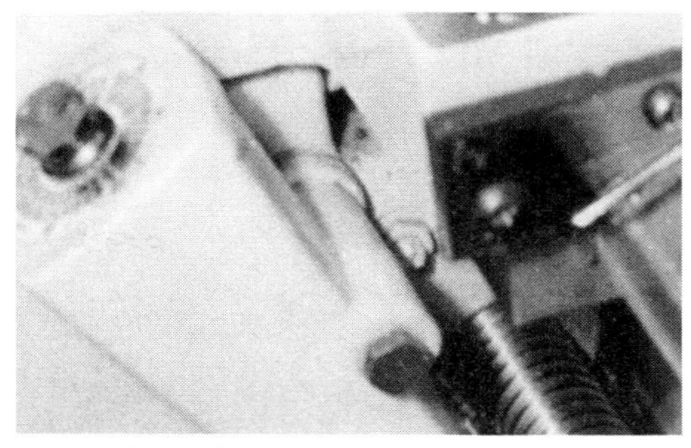

▲可以看到开合螺母

▲从往复工作台上拆下溜板箱，眼前的左侧（P×100 的显示部分）是开合螺母

▲开合螺母的一半分别运动

▲可以看见旧车床上的横向的开合螺母

米制和英制

螺纹有螺距（见第 22 页），螺距用长度单位表示，即螺距○mm 表示。

螺纹中有米制螺纹和英制螺纹。米是一般人都知道的长度单位。尽管称为米制螺纹，一般由于机械的关系都用 mm 来表示。所以，实际的螺距就是○mm。因此,米制螺纹也被称为普通螺纹。

所谓的英制长度单位，是在英国、美国使用的。所以，英制螺纹就一定要用○in（英寸）来表示，这是不对的。英制螺纹，不是用来表示螺距，而是表示 1in 有多少螺纹牙。如“1in 有 8 个螺纹牙”，就省略掉 1，称为“每英寸 8 个螺纹牙”。表示螺距时，用螺距 1/8in 来表示。其实英寸原本是用分数来显示的，但是这样表示的意义不大，实行上也不好用。所以，如果表示螺距，就会把分数的 in 换算成 mm。

1in 是 25.44mm，1in 里无论有多少螺纹牙，只要用 25.44mm 除以螺纹牙的数量，就可以把螺距用 mm 表示出来了。由于这样得到的数值会有尾数。所以，英制螺纹还是用英制螺纹的表示法方便些。

英制螺纹有很多种类。而且现在机械工业也是在英国的产业革命的基础上发展起来的，最早把螺纹体系化的是英国的惠特沃思。这种惠特沃思螺纹占有很大的份额，被称为“惠氏螺纹”，在 JIS 规格中也有说明。据说特征为螺纹牙的角度是 55°，而且外螺纹的牙顶是圆形的，这是加工的难点。

与此对比，在同样使用英制单位的美国，把螺纹牙加工成与普通螺纹一样牙型角为 60° 的英制螺纹，叫做“统一螺纹”，主要用于相关的飞行器中。

JIS 中规定了普通螺纹和统一螺纹的规

格。以前的惠氏螺纹渐渐被米制螺纹所取代。另外，也存在作为国际标准的ISO螺纹，世界的大趋势是倾向于统一为ISO螺纹标准。JIS也结合了ISO的标准并在不断发展。

但是实际上也有在补修零件上加工惠氏螺纹的。这种特殊螺纹，第152页以后的内容中会介绍，还有存在很多英制螺纹。因此，加工螺纹的车床的丝杠，还有很多是英制螺纹。

在这里，稍微说明一下英寸的相关知识。作为度量衡单位，在日本，有从很久以前就开始使用的尺制法和米制法，有在英国使用后传到美国和加拿大的码磅度量法等。

在日本，尺制法已经废止了，统一应用米制法。世界上大多数国家都使用米制法。

码磅度量法中，长度的基本单位是码(yd)。码不是按照十进制计算，1码(yd)是3ft㊀，1ft是12in，1in以下以8等分为基础，以1/8、3/16、5/32、7/64等分数来表述度量。Foot是单数，2倍以上的复数用feet表示。

这样会出现一些问题。

1ft是0.30479m，日本的1尺是0.30303m，1ft和1尺几乎相等。1in的1/8是25.4 mm ÷ 8=3.175mm，1尺的1/10是1寸，是3.03mm，两个值也很接近。

传入日本机械工业的是按照码磅度量法生产的英国和美国的产品。当时的机械工业中的工人（现在成为机械工人）按日本的度量说法来命名它们，把英尺称为尺，把1/8in称为分。

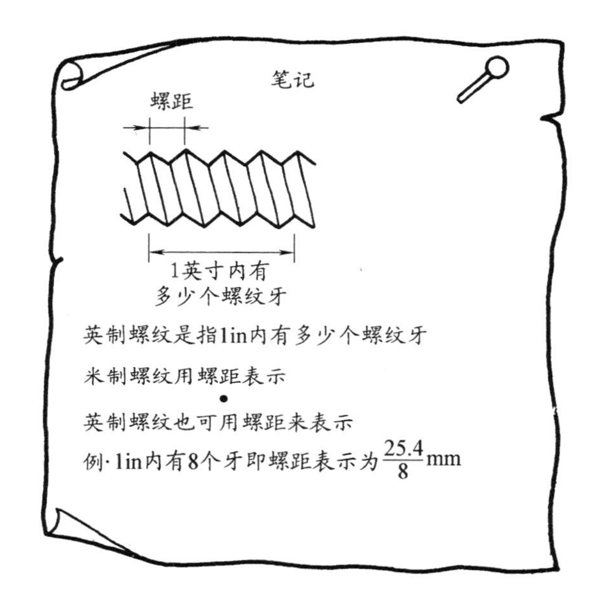

结果就是6ft车床成了6尺车床，把3/8in的螺纹称为3分螺纹。车刀的大小以尺为宽度，称为5分车刀等，这样的叫法现在也还在应用。

这里需要注意的是1/2in。因为是0.5，以为是5分就错了，1/2=4/8是4分，7/16in是3.5/8，称为3分5厘。1in 1/4即1in 2/8称为in（1省略掉）2分。

另外为了不会弄错，码写作yd，英尺(foot、feet)写作ft，英寸写作in。ft也可以表示为′，in是″。

㊀ 英尺单位符号为ft。——译者注

用米制丝杠加工米制螺纹

试一试用米制丝杠车床来加工米制螺纹。

丝杠的螺距：P

加工螺纹的螺距：P'

主轴侧齿轮的个数：A

丝杠侧齿轮的个数：B

请回忆一下第 54 页的原理，主轴 = 工件转一圈，车刀进给 P'mm，所以螺距 Pmm 的丝杠最好转动 $\frac{P}{P'}$，其转速比为：

$$\frac{\text{工件的转数}}{\text{丝杠的转数}}=\frac{1}{\frac{P'}{P}}=\frac{P}{P'}$$

齿数和转速成反比。因此，

$$\frac{\text{主轴侧齿轮}}{\text{丝杠的齿轮}}=\frac{P'}{P}=\frac{\text{工件的螺距}}{\text{丝杠的螺距}}=\frac{A}{B}$$

符合这个公式的各项条件的数值就可以了。

在丝杠螺距是 6mm 的车床上，试计算加工螺距是 2mm 的螺纹。

$$\frac{A}{B}=\frac{2}{6}=\frac{1}{3}$$

这是工件和丝杠的转速比，没有这样齿数的齿轮。分母和分子都乘以相同的数值，得到可以达到的齿数。但是做到“适当”还是很难的。如果没有这样齿数的齿轮，就没有办法。

一般，车床的齿轮，从 20 个开始每 5 个一组到 120 个，也有 127 个齿轮的（见第 60 页）。全部就是 22 个间隔。这之中选择刚才的那个比例。

$\frac{1\times20}{3\times20}=\frac{20}{60}$，$\frac{1\times30}{3\times30}=\frac{30}{90}$，$\frac{1\times35}{3\times35}=\frac{35}{105}$，其中的哪一个都可以。

只是，主轴侧有 30 个，丝杠侧有 90 个齿轮，两边轴之间的空间会很大，齿轮就啮合不上。从而，在这之间就必须加入惰轮(空转齿轮)。

惰轮是像文字所示一样，很懒惰，在空转，和齿数无关，只是放入了适当的零件。

这种安装称为 2 段安装。

但是也有 2 段安装解决不了的问题，例如丝杠的螺距是 6mm 的车床，计算加工螺距是 0.75mm 的螺纹。

$$\frac{P'}{P}=\frac{0.75\text{mm}}{6}=\frac{A}{B}$$

这么大的转速比的齿轮是没有的，那么这样的旋转比无法在 1 次的齿轮啮合中获得，就在 2 次的啮合中实现，即对于 2 段安装，出现了 4 段安装。A、C 是转动侧的齿轮，B、D 是被转动的齿轮。

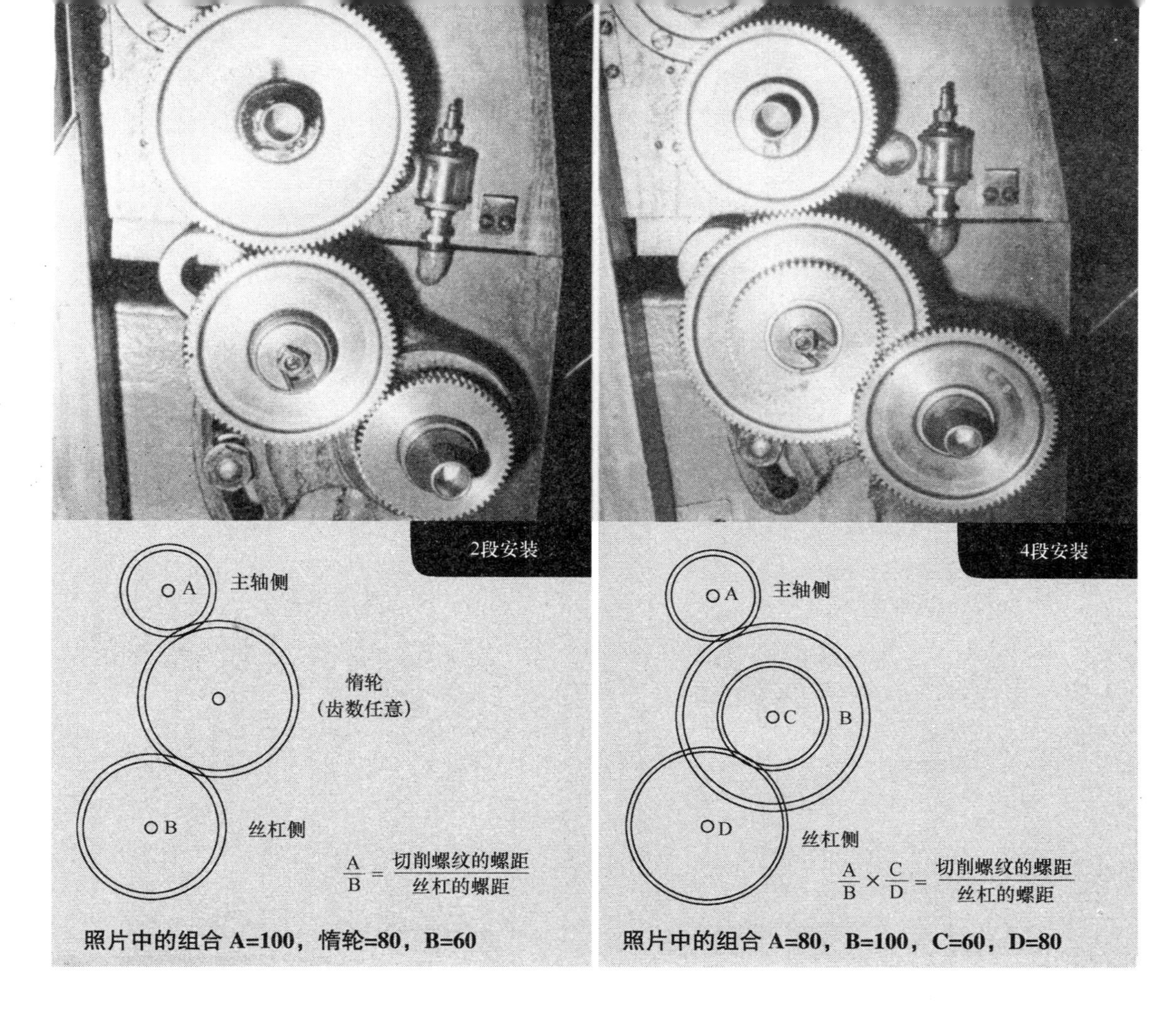

照片中的组合 A=100，惰轮=80，B=60

照片中的组合 A=80，B=100，C=60，D=80

公式为

$$\frac{A \times C}{B \times D}=\frac{0.75}{6}$$

把公式变换为其他形式时有多种写法，如

$$\frac{0.75}{6}=\frac{0.25\times 3}{1\times 6}=\frac{0.25\times 100}{1\times 100}\times\frac{3\times 10}{6\times 10}$$

$$=\frac{25}{100}\times\frac{30}{60}=\frac{A\times C}{B\times D}$$

A=25，B=100，C=30，D=60。

这里应用以前学过的代数知识，分母和分子可以乘以同一个数值其结果不变。

即使 4 段安装，也有无法解决的较大的比例，丝杠的螺距很大，加工螺纹的螺距小时，再增加一次啮合，成为 6 段安装，这种计算方法和 2 段到 4 段的是一样的。

用英制丝杠加工英制螺纹

丝杠是 1in 4 个牙的车床时，试加工 1in 8 个牙的螺纹。其原理和第 58 页米制螺纹完全一样。

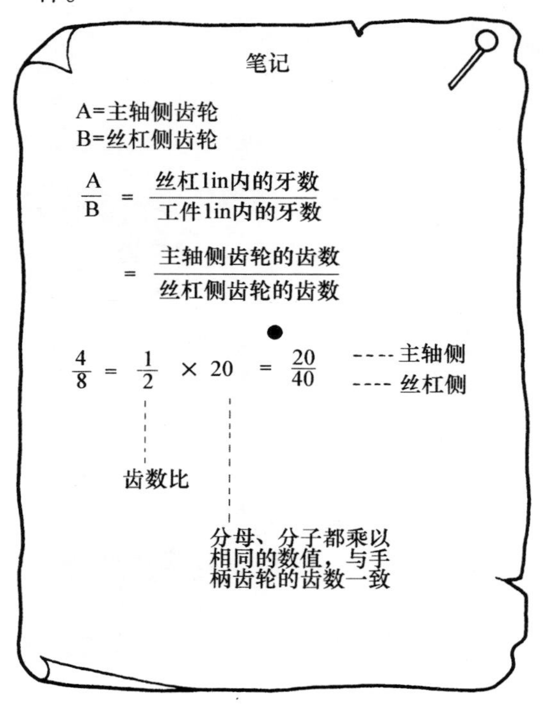

如笔记里是 20 和 40 的齿轮。这里，采用了 2 段安装，一般需要在中间放入惰轮。在这种 20 和 40 齿数的齿轮中间，要放入大的惰轮。

这时，应该不会出现不平衡的状态。齿数距离太大，传导动力的效果就会很差。一般小于 6 : 1 就可以了。

所以，把 2 : 1 的组合变换为

25 : 50，30 : 60，35 : 75，40 : 80，45 : 90，50 : 100，55 : 110，60 : 120

就产生了以上的组合形式。这样的组合一般是用于英制螺纹丝杠，如下图笔记所示车床上的交换齿轮。

和米制螺纹一样试着进行 4 段安装。

在丝杠是 1in 2 牙的大车床上，加工 1in 40 牙的精细螺纹。

$$\frac{A}{B}=\frac{2}{40}=\frac{1}{20}$$

按上面的比例，从而出现

$$\frac{1}{20}=\frac{1\times 1}{4\times 5}=\frac{1\times 30}{4\times 30}\times\frac{1\times 20}{5\times 20}=\frac{30}{120}\times\frac{20}{100}$$

的例子。

和米制螺纹的安装完全相同。

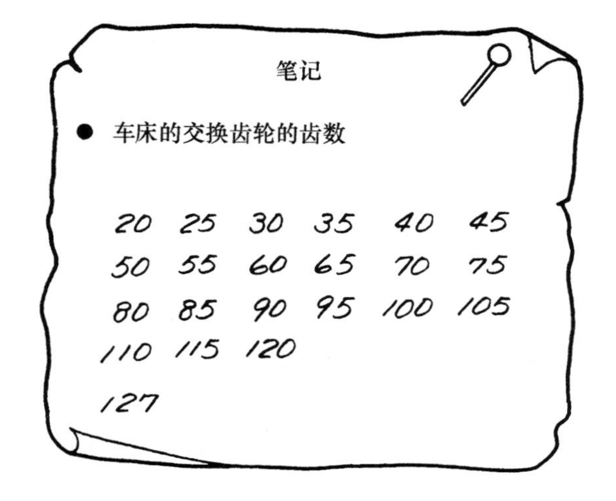

交换齿轮的安装

主轴上、丝杠上都装有不同的齿轮。

这些安装的方法有很多，但也没有什么特别之处。

总之，轻轻地旋转齿轮，从轴上取下来即可。

问题是扇形齿轮的安装方法和各齿轮的啮合方法。

当然，先将扇形齿轮松动了，然后就可以嵌入惰轮了。

这样也不容易，扇形齿轮是以丝杠侧的轴为中心旋转的，旋转时惰轮必须要嵌入丝杠和主轴间合适的位置。

安装位置不容易正确判断，所以，惰轮的安装有点小窍门。

首先，让惰轮沿着扇形齿轮的沟槽，轻轻地转动就能装上。

然后转动扇形齿轮，放入两边齿轮合适的位置中。

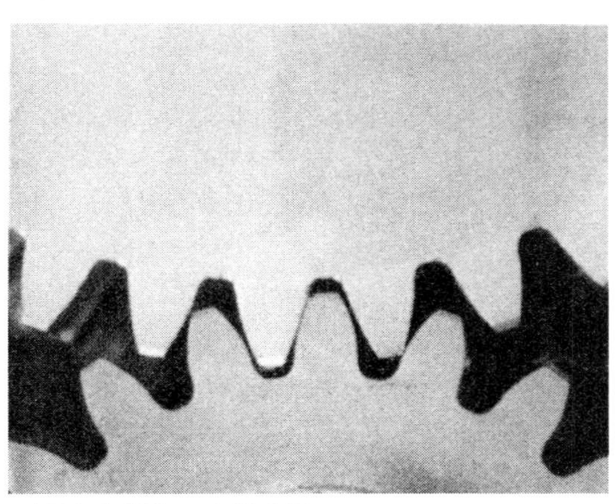

▲要注意留有一定的齿隙

在其位置上，确定了与两侧齿轮啮合后，就可以把惰轮的轴固定在扇形齿轮上。也就是说，与螺栓和螺母的旋合是一样的。之后，只要拧紧扇形齿轮的转动轴就可以了。

4 段安装代替 2 段安装的惰轮，使用第 59 页中提到的 C、B 齿轮。

如果是 2 段安装，惰轮是 1 个，它的啮合位置在两侧齿轮的 2 个位置，4 段安装，啮合位置是 2 处，两齿轮各有 1 处。

这里重要的问题是各个齿轮的啮合方式。

啮合不能深了也不能浅了。啮合得太深，各个齿轮之间的作用力抵消了，产生轰隆轰隆的噪声，并会破坏齿面的油膜，增大齿面的磨耗和黏着。

啮合得太浅了，会产生咔嚓咔嚓的声音，转动的作用力只是轻轻地碰到齿轮前部，会引起局部磨损。

所以，要留好适当的间隙，即没有松动的齿隙。

127 个齿的齿轮

交换齿轮里有 127 个齿的齿轮。而且，新型机床的齿轮箱里也装有 127 个齿的齿轮。

这个 127 个齿的齿轮是可将米制和英制相互换算的齿轮。

丝杠是米制螺纹的车床在加工英制螺纹时，或者丝杠是英制螺纹的车床在加工米制螺纹时，需要把米制和英制换算，计算出 A/B。1in=25.4mm，所以 25.4 个齿的齿轮实际计算简单，但是不存在 25.4 齿数的齿轮。既然是齿轮，就没有 1 个齿的，所以将 25.4 的换算成无小数点的整数，就可实现齿轮的替换操作。

25.4 乘以 5 就是整数 127，这是 25.4 可换算的最小的整数数值。

127 个齿的齿轮上，如果把 in 换算成 mm，之后每英寸内的牙数也换成螺距，就可以按照米制螺纹来计算了。

但是也有 63 个齿的齿轮的车床。63in=1600.2mm，其中的 0.2mm 要去掉。与上面相比，127 个齿的误差小，用 4 段方式安装在螺距不是整数且牙数多的英制螺纹时很方便。在 63 页的公式中，$\frac{127}{5}$ 是 $\frac{1600}{63}$ 的分母，分子就会反过来。

◀中央是 127 个齿的齿轮

丝杠和要加工的螺纹不同时

● **用米制丝杠加工英制螺纹**

在米制螺纹丝杠的车床上加工英制螺纹时，最好是从每英寸内有多少牙开始，先把英制螺纹的螺距换算成 mm，再加工米制螺纹。比如，在丝杠的螺距是 6mm 的车床上加工 1in 8 个牙的螺纹时，首先像第 61 页那样，为了整数化，把 1in=25.4mm 乘以 5 倍。即 1in 8 牙，把

$$\frac{25.4}{8}\times 5=\frac{127}{40}$$

导入第 58 页的公式

$$\frac{A}{B}=\frac{\frac{127}{40}}{6}=\frac{127}{6\times 40}=\frac{127}{240}$$

有 127 齿数的齿轮，但是没有 240 牙数这种大齿轮，把 240 分解成 60×4，

$$\frac{127\times 1}{60\times 4}=\frac{127}{60}\times\frac{1}{4}$$

之后，这里的 1/4 就按照第 58 页，从交换齿轮里选择合适的即可。最后，就有了 20/80、25/100、30/120。

适用公式：

$$\frac{A\times C}{B\times D},\ \frac{127}{60}\times\frac{30}{120}$$

是按照 4 段安装计算的。

简单地写，就是下面的公式。

$$\frac{127}{\text{丝杠的螺距 mm}\times\text{加工螺纹的牙数}\times 5}$$

● **用英制螺纹丝杠加工米制螺纹**

这与上面相反，试一试在丝杠是英制螺纹的机床上加工米制螺纹。丝杠是 1in 内有 4 个牙，加工螺纹的螺距是 3.5mm。

还是把英制螺纹考虑成螺距，同样的乘以 5 倍，使用 127 个齿的齿轮。只是之后再乘以 5 倍。

$$\frac{3.5}{\frac{25.4}{4}}=\frac{3.5\times 4}{25.4}=\frac{14}{25.4}$$

这就是第 58 页的 A/B，把 25.4 用齿轮换算，像第 62 页中乘以 5 倍，就是 127。于是

$$\frac{14\times 5}{25.4\times 5}=\frac{70}{127}$$

这样，主轴侧是 70 个齿，丝杠侧是 127 个齿的齿轮，按照 2 段安装就可以装上去了。当然惰轮也要适当地嵌入。

简单地写出来就是

$$\frac{\text{加工螺纹的螺距}\times\text{丝杠的牙数}\times 5}{127}$$

实际操作

① 主轴箱上有各种手柄

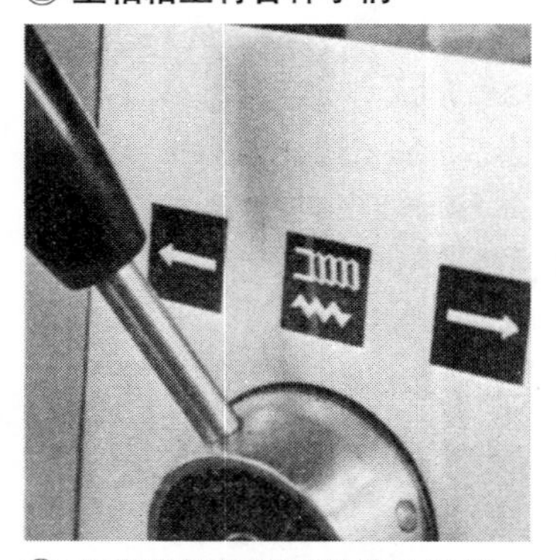

② 交换齿轮的顺时针啮合进给

③ 螺纹切削表和齿轮箱

④ 左边是进给，中间是米制螺纹

⑤ 这个手柄和⑥的手柄

⑥ 按照组合加工指定螺纹

前面已经介绍了各种交换齿轮的计算方法。实际上，现代的机床可以方便地进行替换计算。

以某机床①为例，首先让进给装置动起来，在进给过程中加工螺纹。用②的手柄使左侧的交换齿轮相啮合。

打开左侧的盖子，按照③把交换齿轮表贴在盖子内侧。这个表里已经标明了几种交换齿轮，根据各个手柄的位置可以加工螺纹。换言之，标明了适合要加工的螺纹的螺距的交换齿轮和手柄的位置。

这个机床有三个手柄，按照表选到指定的位置，就可以进行齿轮的替换了。有三个手柄，因为一个是进给，即用于选择米制螺纹和英制螺纹的④。所以，只有⑤⑥两个手柄。从③中的表来看，可以制作螺距是 3.5mm 的螺纹。

其他的车床也是如此，都在明显位置贴有这样的表。

但是，总是会有加工表里没有标注螺纹的螺距的情况，还是要按照第 58 页～63 页的内容计算。因此，还是要把技术学好。

往复工作台的复位

① 松开开合螺母的手柄（向上：松开，向下：闭合）
② 指示表（选择啮合开合螺母的时机）
③ 正转、反转转换手柄（向上：反转，向下：正转）

▲溜板箱的运动

车刀加工螺纹，需要一定的进给距离牵引车刀，要把溜板箱复位，然后再进行下一次的加工。

这时，把溜板箱复位有两种方法。

一种是：松开开合螺母（一般是把手柄往上提），用手动操作纵向进给手柄进行复位。

另一种是，牵引车刀的同时，使发动机反向运转。如果反向运转，主轴会按反向转动，丝杠也反向转动。所以，开合螺母保持原有的啮合状态，溜板箱会向反方向运动。

复位后，切断电源停止运转，溜板箱就会停下来。

第二种方法一般新型车床上都可以做到，这是由发动机和电源的关系确定的。而且，这种新型机床，一般在溜板箱的旁边横向就带有电源手柄，非常方便。所以，加工螺纹的长度很短时，正转、反转反复操作，开合螺母保持和丝杠的啮合状态，车刀一定会进入同一个沟槽。从而，很容易就可以完成。

但是，用手柄不能使溜板箱移动，所以小距离的移动调节就比较麻烦。而且，修螺纹牙顶凸边时，要稍早一点切断电源，靠惯性前行。停止时，开关打到反向再制动，就可以马上切断电源停止运动了。这些操作需要很熟练才能完成。另外，螺纹较长时，反转的时间要延长些，否则效率不好。

相反，如果松开开合螺母，之后再转动手柄，就会早一点复位，对加工长螺纹有利。但是，要松开开合螺母，为了让车刀可以进入同一个沟漕，就必须依靠指示表，这时要注意看清楚刻度。

指示表的使用方法

仅仅依靠交换齿轮手柄的操作来控制丝杠和主轴的转速比，是加工不了螺纹的。

若是只是车刀转一次就能完成螺纹牙的加工，那么只要用开合螺母和丝杠啮合就可以了。但是，对于螺距很小的螺纹是行不通的。在一个沟槽里车刀要数次切入，把螺纹的槽切深、切宽，才能形成螺纹牙。

这时，溜板箱要复位，发动机＝用反转主轴复位，开合螺母和丝杠啮合，车刀和被切削材料处于同一位置关系，再一次进给车刀，就可以进入同一沟槽。

可是，松开开合螺母和丝杠，用纵向手柄让溜板箱复位时，使车刀进入同一沟槽的开合螺母和丝杠的啮合点不好找。因此，需要指示表。

用一定螺距的丝杠加工某螺距的螺纹时，为了让车刀进入同一沟槽的开合螺母和丝杠的啮合点，仅靠螺纹的螺距是错误的。

指示表一般位于溜板箱的开合螺母的一侧。车床上有很多装置。怎样才能利用指示表让车刀进入加工螺纹的同一个沟槽。

在这里计算一下。

首先，看一下丝杠和指示表的关系。

指示表轴的下端有蜗轮和斜齿轮和丝杠相啮合。丝杠转一周，这个齿轮的1个齿转一下，和上端的指示表的刻度重合。也就是说，丝杠每转1～2周，指针就前进一个刻度。

相反，如果用纵向手柄移动溜板箱，和丝杠啮合的齿轮与齿条和小齿轮的关系是一样的，指示表的刻度也会走。

一方面，开合螺母和丝杠啮合时，溜板箱的移动和丝杠的螺距是相同的，指示表的齿轮和这样的啮合位置不变，所以不会移动，刻度也不会动。

所以，把松开了的开合螺母与丝杠啮合，丝杠要转1次以上，必须按照整数进行转动。

这正是指示表的刻度的原理。所以，指示表下端的齿轮的齿数如果变化，上端的刻度数也会随之变化。新型机床一般是使用14或15个齿的齿轮。

这里，让开合螺母和丝杠啮合，计算一下让车刀进入同一位置的刻度。

丝杠的螺距是6mm，加工螺纹的螺距是4mm，让车刀向同一位置进给，丝杠转2周，

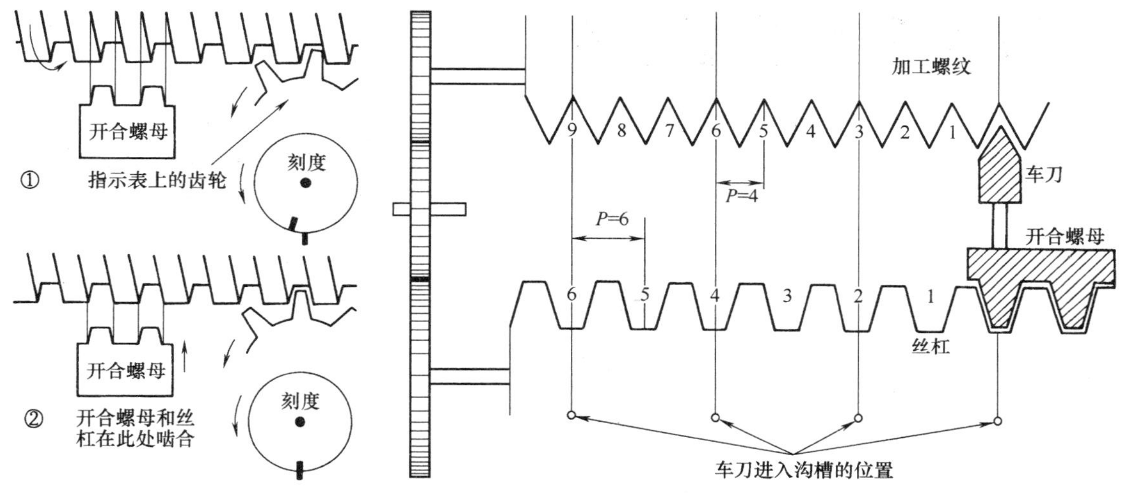

▲指示表和开合螺母的关系

▲丝杠的螺距是 6mm，加工螺纹的螺距是 4mm 时，丝杠每转 2 周，开合螺母才啮合 1 次

被加工材料转 3 周。于是

$$\frac{加工螺纹的螺距}{丝杠的螺距}$$

得出的分子的整数就是丝杠的转动圈数。

应该是 4/6=2/3，所以丝杠转 2 周。指示表的刻度因丝杠转 1 周前进一个刻度，所以这时是 2 个刻度。英制螺纹也是一样的。

$$\frac{加工螺纹的牙数}{丝杠的牙数}$$

得出的分母（丝杠侧）的整数就是丝杠的转动周数。

● 英制螺纹丝杠简单些。丝杠是 1in 2 牙时，加工的螺纹牙是偶数。如果螺纹牙是奇数，每转一次开合螺母就啮合一次。

● 米制螺纹丝杠稍微复杂些。与加工螺纹的螺距一致，每 2 次、3 次……有很多条件。因此，指示表的刻度和齿轮就要按 2、3、4、5、7、……的倍数准备，需要时必须更换。

● 对于丝杠和加工螺纹，其米制和英制不同时，无论怎么都没有办法进行加工。可不松开开合螺母，用反转复位的办法。当然，从原理上说，让开合螺母用很长的周期啮合，实际上是没有意义的。

新型机床上的指示表

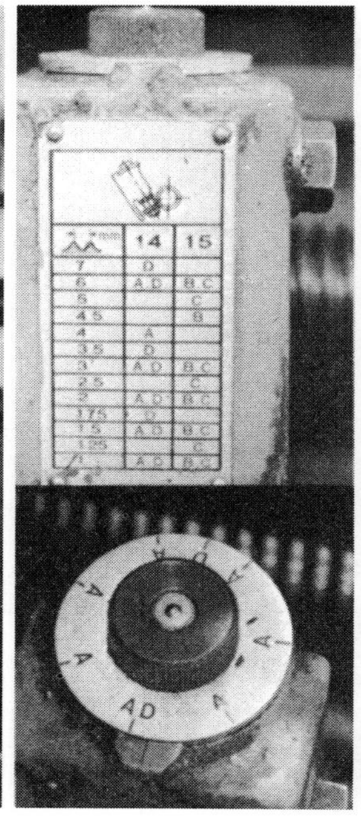

◀指示表上有一个表格中有对应的刻度。左边是加工螺距是 5mm 的螺纹，设置 15T（齿数）的刻度，指示表的基点是 3，开合螺母啮合。右边的指示表上有 11、14、15、16 四种。

第 66 页中说明了指示表的使用方法。最近新型机床上设置了大约 2 种千分比刻度的使用范围广泛的指示表。所以，不进行第 66 页中的计算也可以了。

举出几个实例。

在有的指示表上贴有同照片中一样的一览表。对应各种螺距，明确标出开合螺母的啮合位置。

如果丝杠的螺距是 6mm（这种类型最多），指示表齿轮的齿数至少要准备 14、15 两种，并有对应的指示表刻度。指示表的刻度是随着齿数更换安装的。

这样，就可以知道刻度了，如 14 齿的丝杠转 2、7 周的刻度；15 齿的丝杠转 3、5 周的刻度。第 66 页举例的 2、3、4、5、7 周的旋转的刻度都可以显示。如果增加为 16 齿的，就可以知道 4、8 圈的刻度。

拆下来看，是装有 14、15 齿的齿轮。原本也有装备 11、14、15、16 齿四种齿轮的车床。

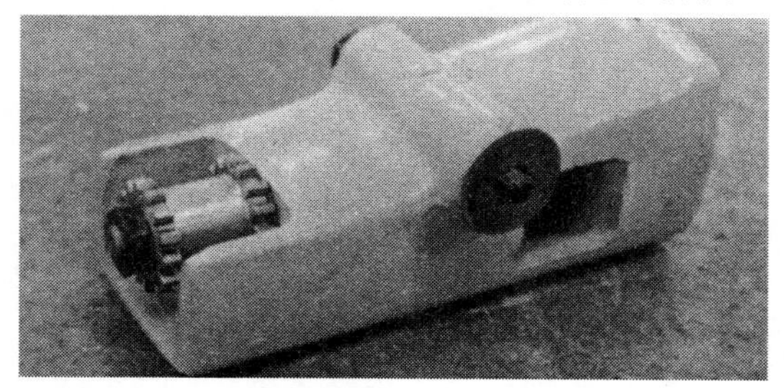

▲有 14、15 齿两种的齿轮

指示表的制作方法

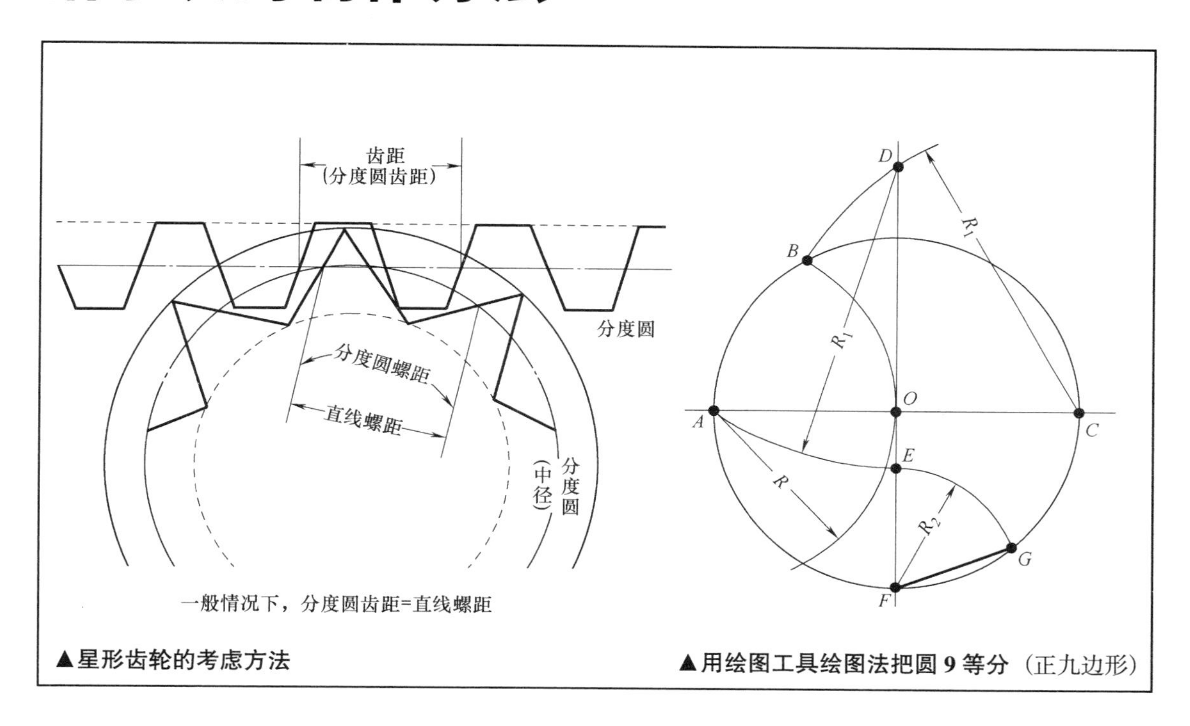

▲星形齿轮的考虑方法

▲用绘图工具绘图法把圆 9 等分（正九边形）

虽说新型机床上的装置很完备，加工螺纹的工作与其完备的装置并非适合。

根据不同的目的、条件求出各种各样螺距的螺纹，这和交换齿轮的计算是相同的。

加工螺距改变的螺纹时，必须要准备适用的指示表和其他的装置，这都需要自己制作。

所谓自己制作，实际上也很简单。就说齿轮，也不一定要真正的齿轮。

只要能与丝杠啮合，丝杠每转一周显示一个刻度就可以了，不是齿轮也可以。只要能和丝杠的 1 个齿相配合，能转动就可以了。

所以，把铁板（白铁皮也可）按照必要的齿数切成星形，就可用了。所以，也称这样的东西为“星形齿轮”，其精度要求没那么高。

制作必要齿数的星形齿轮，用限定大小的圆和绘图器具绘图法等分分割圆就可以制作出星形齿轮。它当然是有斜角的齿轮，把丝杠看成是蜗杆，一定要知道与之相啮合的分度圆齿距。

只有 14、15 个齿的车床，才可以制作出 9、11、16 个齿的工件。

这时，当然还要制成和其齿数相符的刻度。

车刀的安装

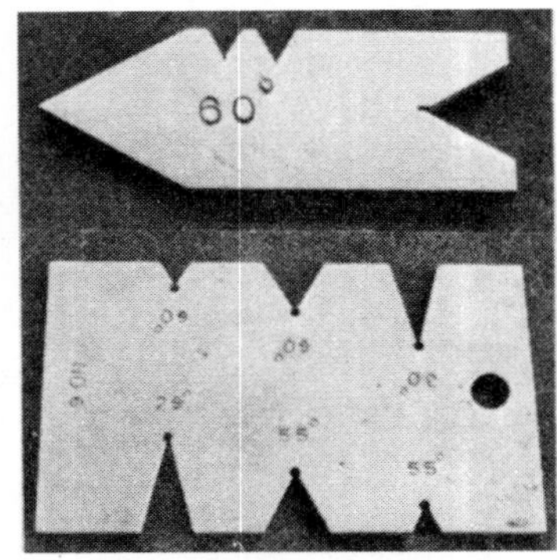

▲上图使用的是60°的中心规，下图是具有各种螺纹角度的方形中心规。

在加工螺纹的操作中，除目前介绍的几种之外，车刀的安装与其他加工还有不一样的地方。

既然螺纹牙的角度已经确定了，在加工时，车刀按正确的角度进行研磨的同时，如果安装时不注意它，螺纹就会产生歪斜（见第24页）。

安装螺纹加工车刀要使用中心规。如照片所示，把中心规放在被切削材料的一边，使车刀与其角度吻合。下面铺上白纸，很容易看到中心规和车刀之间的间隙。

当然，先要轻轻地紧固车刀，然后有必要再确认一下是否按正确的角度紧固了。

一定要正确固定车刀的高度，如果高度不准确，就算角度正确，牙型角度也会不正确。

加工精密的螺纹时，要使用显微镜工具。加工不通孔内的内螺纹时，按大致的标准来确定螺纹的长度，然后再进行切削。

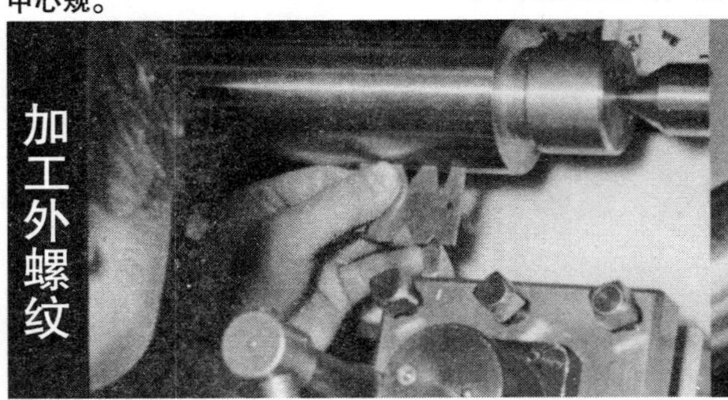

▲下面放上白纸，从正上方透过去观察

▲轻轻地支撑中心规，左右摇动

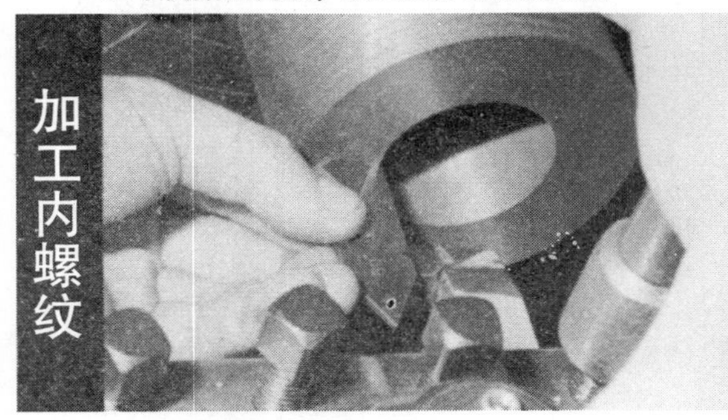

▲测量内螺纹加工用的车刀

▲加工不通孔时，要先标上长度的刻度，然后加工到刻度处

进刀前

▲先在螺纹的头和尾部倒角。如果不倒角，铸铁等材质的螺纹就会像图片所示两端出现缺口

交换齿轮或者手柄一类的，还有中心规，车刀的装配等准备好后，就可以开始加工了。

加工螺纹时从螺纹头开始，先倒角。如果尾部有退刀量，也要倒角。材质是 FC 料（铸铁）时容易产生缺口的。如果不倒角，螺纹牙的最前和最后的部分都会有间隙，不好看。

开始时浅浅地切掉一些，然后用直尺、螺距量规确认螺距是否正确。

对于矩形螺纹和梯形螺纹，可先用刀尖先大致削去一些，因为如果螺距错了就麻烦了。基本上螺距要大一点，把粉笔放在车刀的前部试着进给，然后用直尺量粉笔的痕迹。由于矩形螺纹和梯形螺纹几乎没有不完整的螺距，所以这个方法实用简便。

按以上的步骤进行，如果不出现异常，就可以开始进刀了。

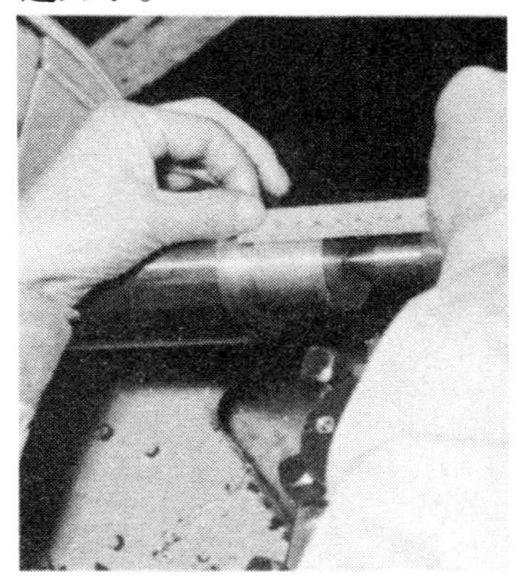

▲用直尺确认螺距

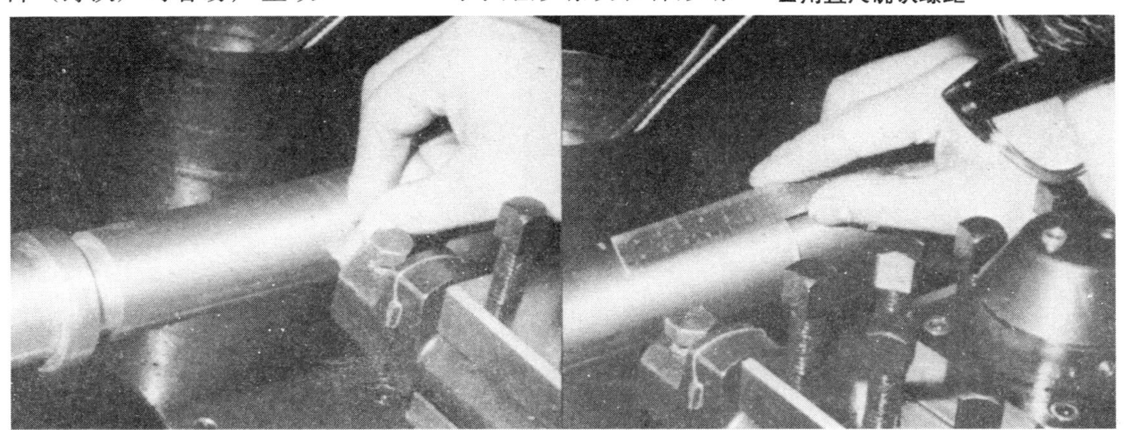

▲把粉笔放在车刀的前部试着进给，然后用直尺量粉笔的痕迹

车刀的进给方法（1）

直线进给

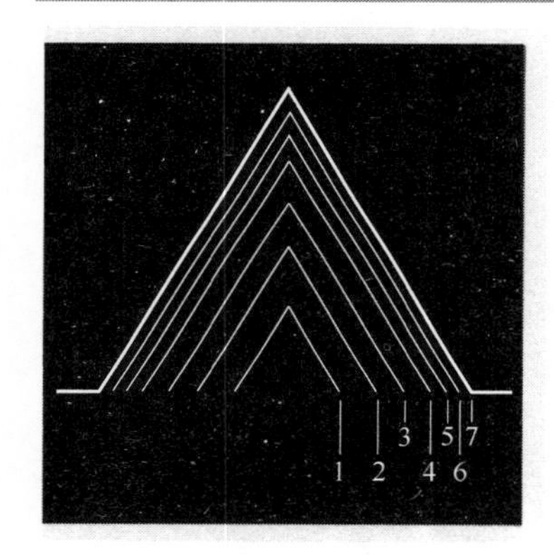

螺纹牙 = 螺纹槽形状相同的切削刃的车刀直线进给，与车刀相同形状 = 应该是和螺纹槽一样。只是车刀深入切削后，因为整个切削刃都承受切削载荷，所以切削刃如果没有足够的刚度是不行的。因此，用这种进给方法时，需要硬质合金车刀。

如果是铸铁、铜合金之类的材质，也是使用这种方法。

在这种加工方法中，随着车刀深入切削，切削刃切削的长度越长，车刀的载荷也越大，进给量逐渐减小。

本页的照片显示的是螺距为 2.5mm 的螺纹。0.4mm、0.3mm、0.2mm、0.2mm、0.1mm……按顺次每一次的进给量越来越小。

这种方法，需要车刀两侧的切削刃都在工作。

两边的切削刃进行加工时所产生的切屑汇集到中央，会把车刀的前部磨圆。所以，切屑是从前向后排出的。

由于这种关系，切屑发挥了非常重要的作用。

从切屑的形状，可以看出加工过程中车刀和螺纹槽的关系。

参考第 3 次的切屑，它是沿着切削刃的形状，一部分没有成形而损坏了。

参考第 5 次的切屑，两侧切削刃产生的切屑没有成为一体，而从中间断裂了。

参考第 7 次的切屑，已经是完成阶段了，从两侧切削刃和前部开始就分成了三个部分。

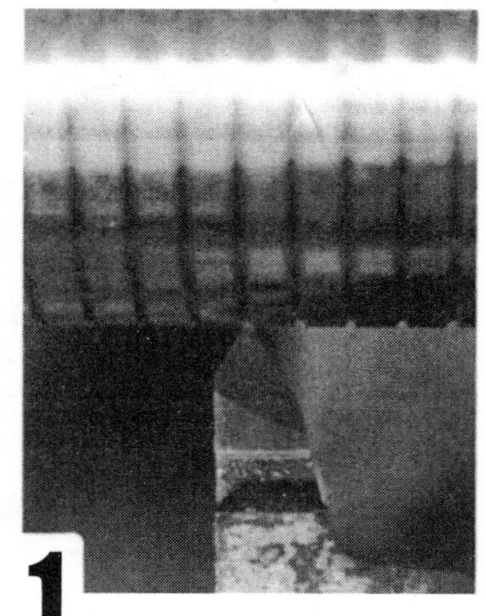

1 **第 1 次的进给量为 0.4mm**

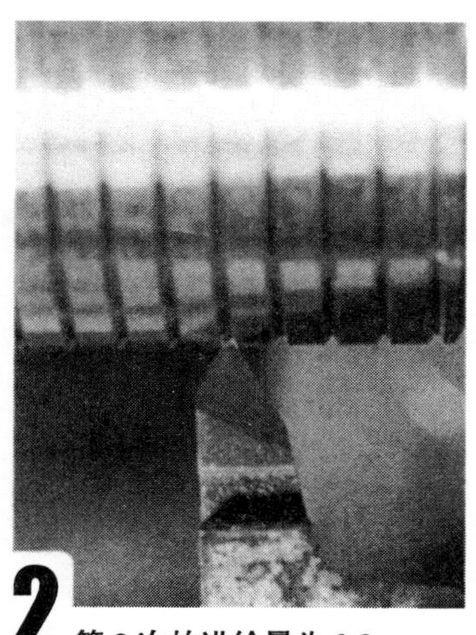

2 **第 2 次的进给量为 0.3mm**

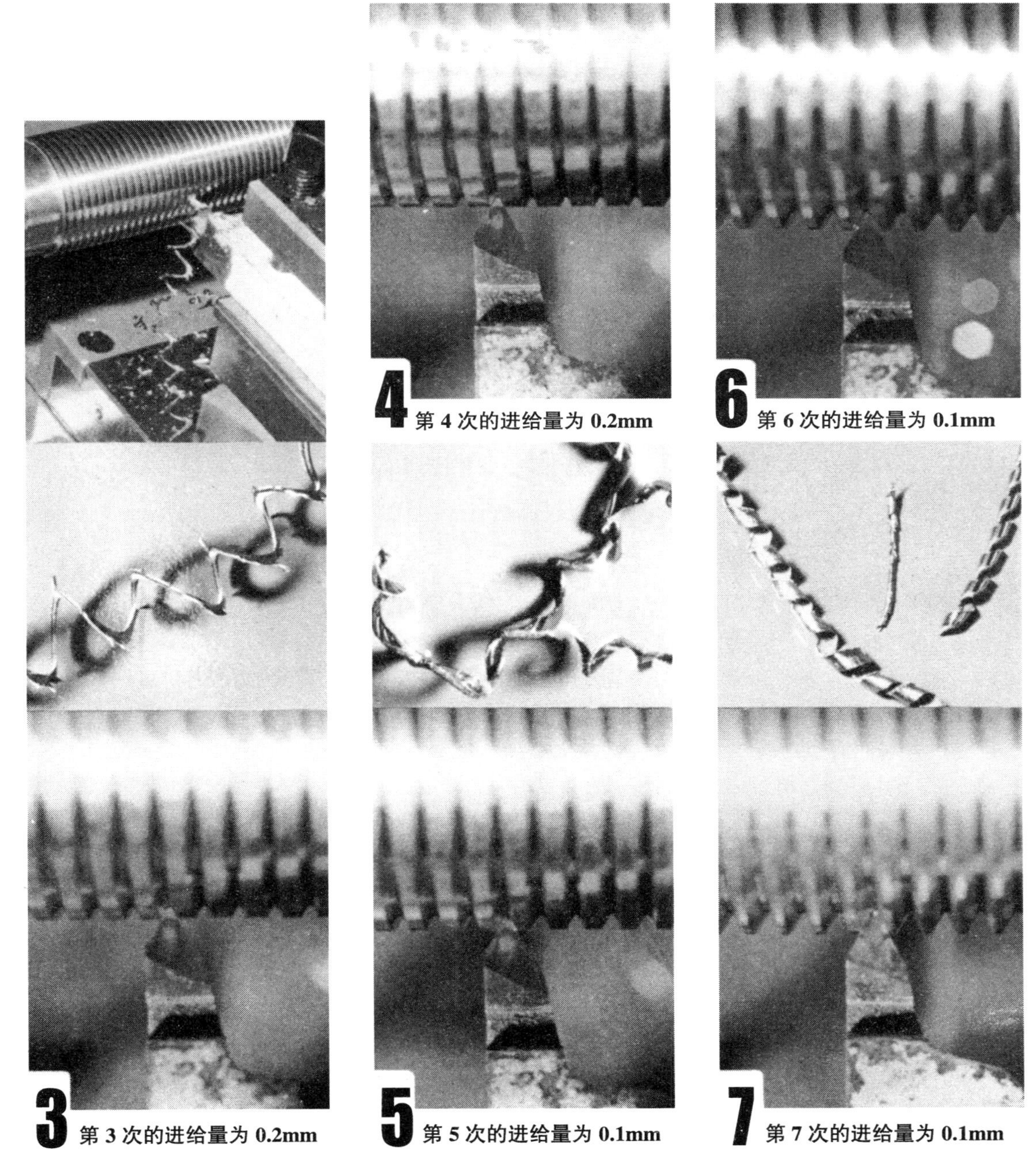

4 第 4 次的进给量为 0.2mm

6 第 6 次的进给量为 0.1mm

3 第 3 次的进给量为 0.2mm

5 第 5 次的进给量为 0.1mm

7 第 7 次的进给量为 0.1mm

车刀的进给方法（2）

只沿一个方向进给

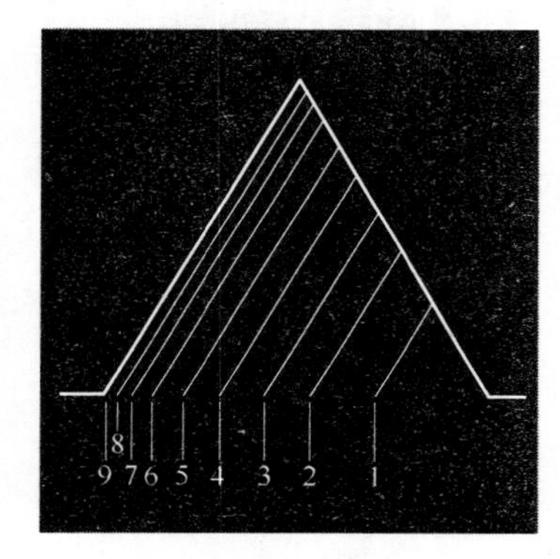

这是车刀沿螺纹沟槽三角形一侧的斜边平行方向进给的方法。

使用这种进给方法，加工总是使用一侧的切削刃（一般是左侧的切削刃，右侧没有要求）。所以，加工就容易些，切屑也很顺畅地排出。因此，一次的进给量就很大了，也不需要手柄刻度很精细，所以用高速车刀也能够提高效率。

实际上，车刀比螺纹牙的角度略微小一些，可以不碰到另一侧的齿侧面，最后用精加工车刀把两边的齿侧面精加工一遍就可以了。

车刀符合螺纹牙型角，仅向一个方向进给有两种方法。

▲用复式刀架向螺纹牙角度的方向进给的两种方法

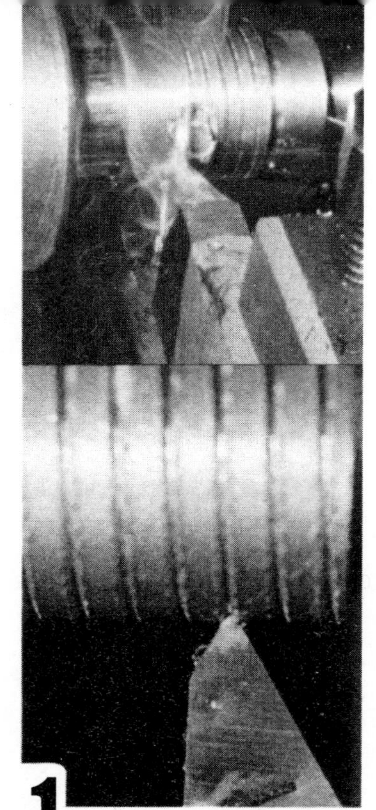

1 第1次的进给量以及产生的切屑

① 车刀复位，用横向进给手柄进行，根据进给深度向左进给复式刀架（上部刀架），这是方法一。

② 还有一种方法，是让复式刀架按照牙型角转动，操作横向手柄使车刀复位，进刀的横向手柄回复到同样的刻度，再操作复式刀架向牙型角的方向进给。

无论使用哪一种方法，最后都要用弹性车刀精加工完成。

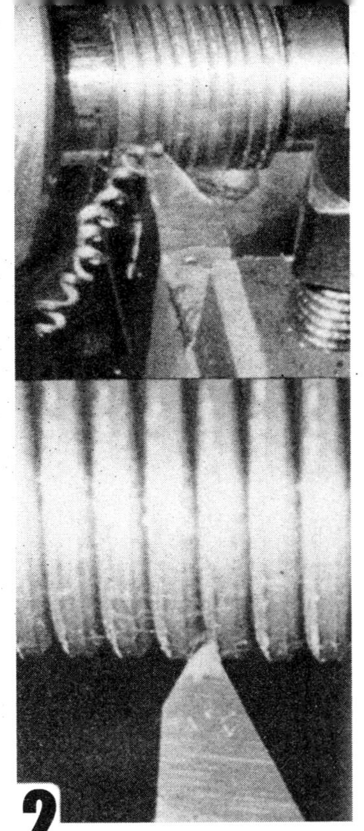

2 第 3 次的进给量和产生的切屑

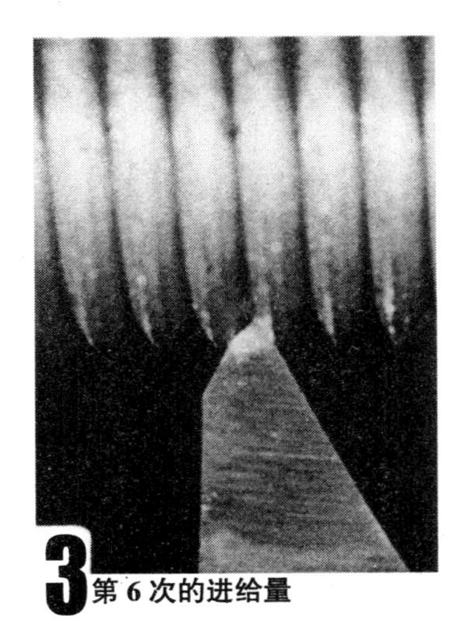

3 第 6 次的进给量

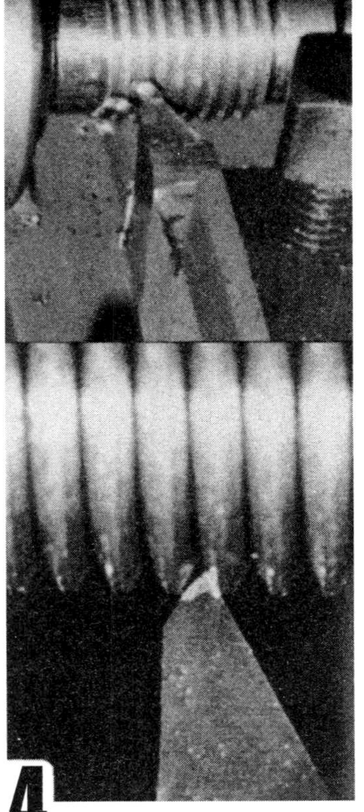

4 第 9 次的进给量和产生的切屑

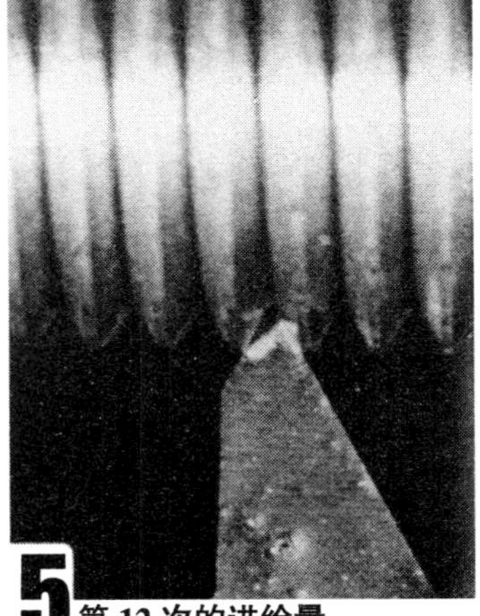

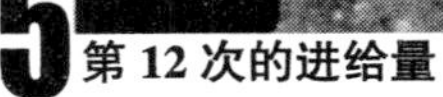

5 第 12 次的进给量

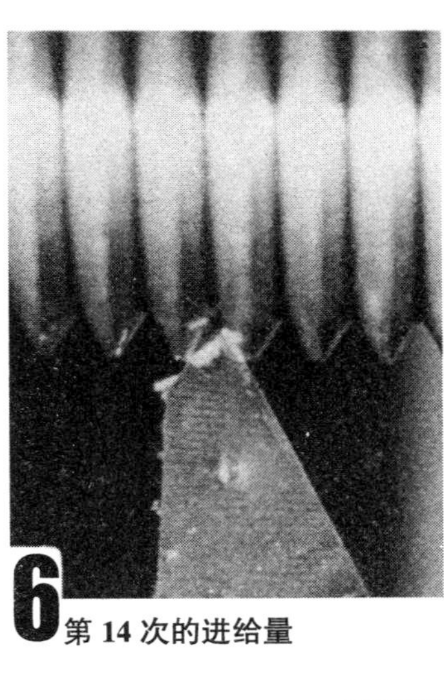

6 第 14 次的进给量

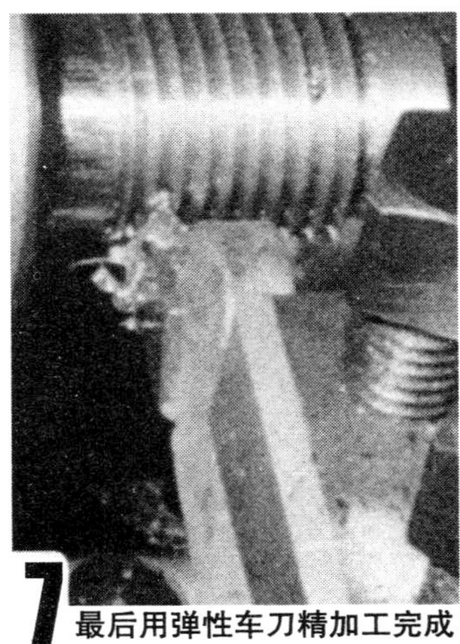

7 最后用弹性车刀精加工完成

车刀的进给方法（3）

向左右进给

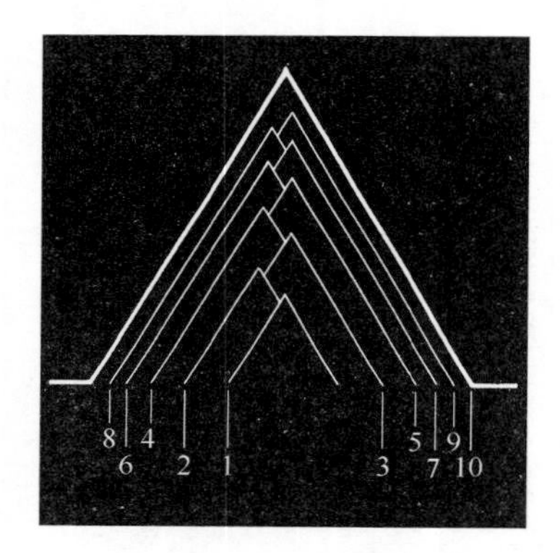

车刀进给的同时，向左、向右切削，把螺纹牙（沟槽）向左右扩展的加工方法。

在第1次切入处，进行第2次进给时，车刀向左进一些，第3次进给时，车刀向右进一些……像这样，每次进给时为了交替切削左右的齿侧面而左右移动车刀。

参考图片，切屑从车刀左边的切削刃出来或者从右边的切削刃出来。此时，可以看到车刀的另一侧切削刃与被加工螺纹的齿侧面有间隙。

即使使用此种方法，最后也要从中心点用车刀直线加工，切屑从两边的切削刃出来，这和之前的方法没有区别。

这里，第14次切削换成弹性车刀，第14次=左侧，第15次=加工完右侧，第16次从中心点直线加工。

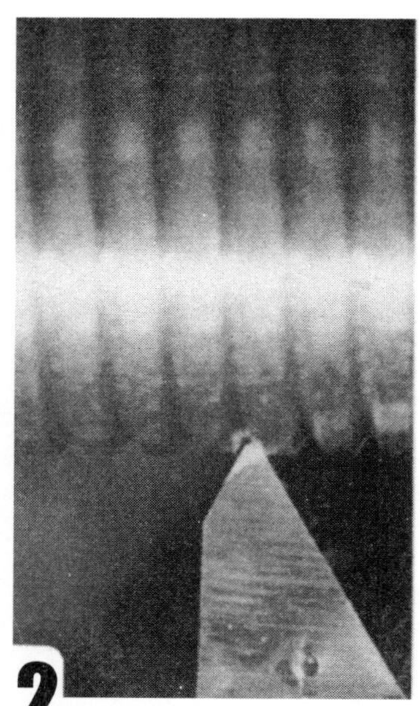

2 第5次的进给量

1 第1次的进给量

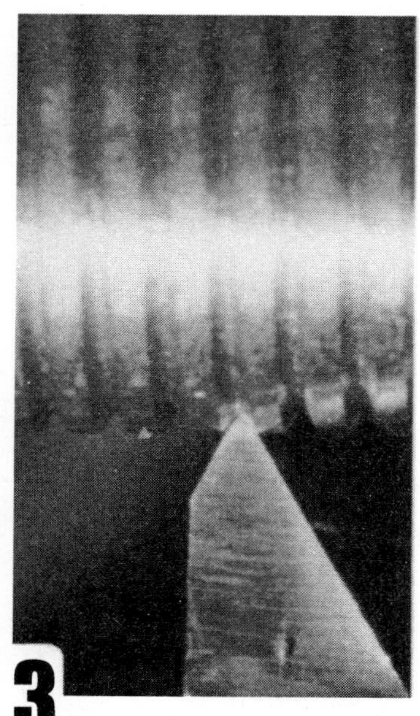

3 第8次的进给量

4 **第 10 次的进给量和切屑**（从左侧切削）

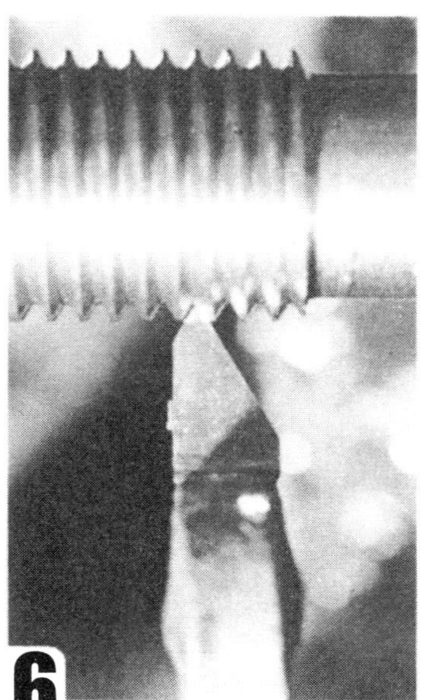

6 **第 15 次的进给量**（第 14 次是左侧，第 15 次用弹性车刀转向右侧）

5 **第 13 次的进给量和切屑**（从右侧切削）

7 **最后的精加工，切屑从两侧出来**

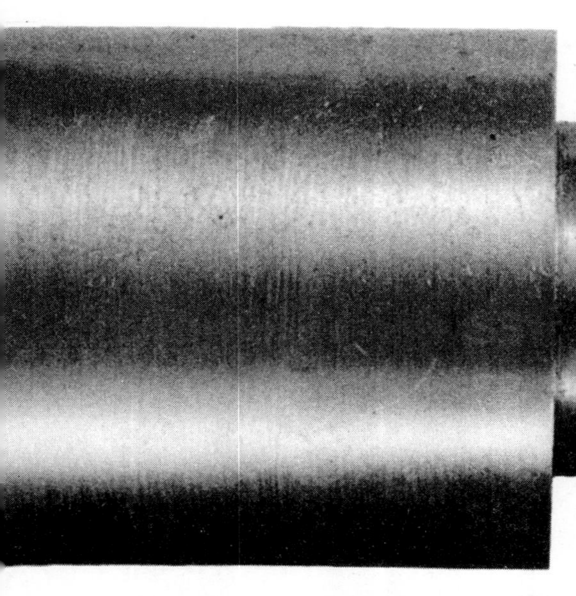

螺纹修牙顶

经常用螺纹的加工质量来判断车床工人的技术如何，特别是螺纹加工中的“螺纹修牙顶”技术，这是判断一个人的技能的重要因素。

所谓螺纹修牙顶的部分，是不完整的螺纹部分（见第 24 页），是螺纹上发挥不了任何作用的部分。作为机械零件，是无关紧要的部分。用这么一个无所谓的部分，作为判断车床工人的技术等级的条件，这不是很矛盾吗？因为是涉及外观的问题，所以要做得漂亮。

即使把螺纹牙顶修得漂亮，螺纹修牙顶部的长度是一个问题。该长度要小于 1 周，一般标准是转 1/4 周。如果长了，在同一位置多次进给修牙顶会有些困难。如果短些，还可以多次转车刀。

螺纹修牙顶，是依靠松开开合螺母，还是依靠反转、切断电源，再进给——横向进给的时机很重要。而且，螺纹的后部有台阶，和没有台阶的也不同。

加工没有台阶的螺纹时，只要注意进给车刀的时机就可以了。

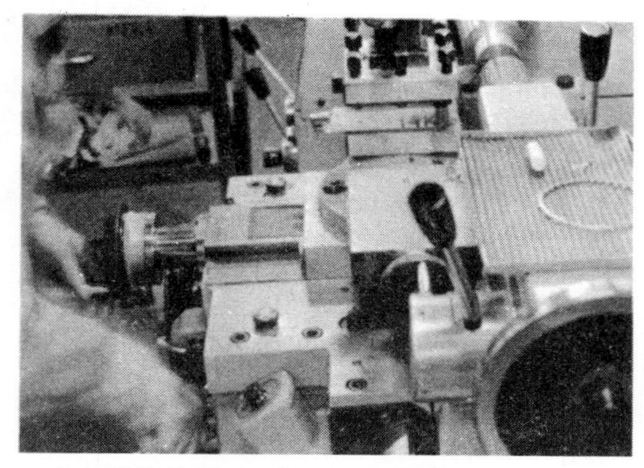

▲车刀进给的同时，松开开合螺母的方法

可是，螺纹的后部有台阶，要在台阶的下面紧接着加工螺纹的时候。如果是一般的操作，台阶的侧面就会碰到车刀。此时，修牙顶之前切断电源，之后用惯性让它旋转，旋转 = 切削速度降低。此时的车刀必须是高速。但是，机床不同、发动机的动力大小不同、惯性的大小不同、进给量的多少不同，会产生不同的结果。什么时候切断电源合适，需要预先了解机床设备的情况。

为了把牙顶修短些，当然要早一点进给。手动把车刀复位，这是有限度的。而且，松开开合螺母或者反转止动都会产生不同的差异。特别是用硬质合金车刀快速转动加工的时候，向上打手柄，让开合螺母松开，马上停住溜板箱。相反，即使切断电源，高速旋转的惯性很大，螺纹修牙顶部就长了。

加工左螺纹时，车刀顺时针从卡盘这边向右移动。因为左侧有台阶，而且没有退刀槽时，就没有进给车刀的地方。这时逆转，如果把车刀上下反向安装，可以和右旋一样。

▲进给车刀的同时，反转手柄的方法

内螺纹和外螺纹一样逆转，用车刀上下反向的方法和用逆转让车刀向上向对面进给的方法。后者的方法，进给车刀的方向是相对的，车刀的刃也是面向对面的特殊的切削刃。上面用硬质合金车刀修牙顶，反向打开关。因为是高速旋转，低的台阶靠近 2 个螺

纹牙部的不完整螺纹部。

下面也是一样的，使用松开开合螺母，止动溜板箱的方法。台阶下面部分的螺纹被切削，不完整螺纹部分旋转 1/4 周。

螺纹车刀的刃尖

在各种车床车刀中，要特别注意车槽刀和螺纹车刀的刃尖角度。因为切削刃的两侧有车刀后角。车槽刀上起切削作用的只是切削刃的尖端，车刀的进给方向也是和主轴垂直，所以比较简单。

螺纹车刀，不仅是用两侧的切削刃进行加工，还要考虑螺纹的螺纹升角等细节的地方。不能只考虑两侧的后角一致就可以了。右侧的切削刃和左侧的切削刃，与被切削材料的接触方式不同。而且，加工面作为最终的精加工面，也要注意机床的表面粗糙度和外观。而且也包含牙型角的问题。

成形的螺纹车刀的刃尖

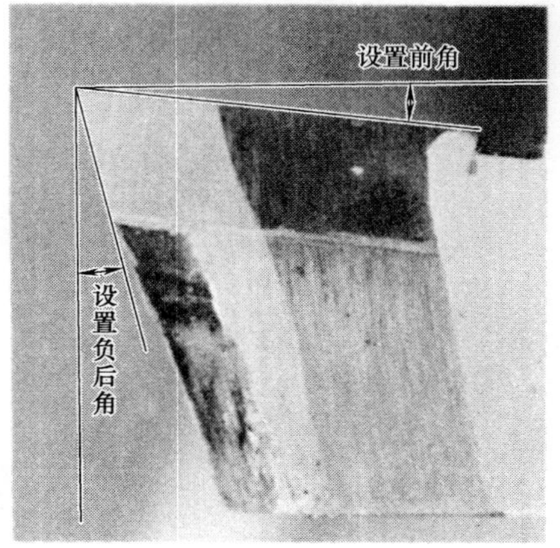

加工螺纹的操作中，除了加工小螺纹外，一般分别使用粗加工车刀和精加工车刀加工。这时，粗加工车刀的研磨方法基本对加工影响不大。尽量减小切削阻力，就可以提高效率了。

关键在于精加工车刀，用粗加工车刀切削后，因为会有挤裂，加工面都不好。而且，为了降低切削阻力，设置了前角，所以牙型角可能不准确。必须把螺纹的齿侧面的表面的粗糙度（包括外观）和螺纹牙的角度进行精加工，保证尺寸（中径）准确。

螺纹车刀（精加工车刀）切削刃的角度，需根据被切削材质的不同而变化。加工精确的螺纹牙的角度与前角有关，请参考第84页的修正，必须要按直线操作。当然，切入侧切削刃的后角也要根据螺纹的螺旋角进行修正。导程大的螺纹（见第92页）加工就很麻烦。

螺纹加工时，切刃的切削长度越长——即车刀的载荷越大，除切断形切屑的材质之外，精加工车刀的切削速度会慢下来，所以一般常用高速钢弹性车刀。

▲材质不同，车刀的负前角也不同

▲用于梯形螺纹的弹性精加工车刀头部小，中部圆滑

▲用于梯形螺纹的后角的前侧和切入侧也不同

▲导程大的螺纹，特别是前进侧后角很大

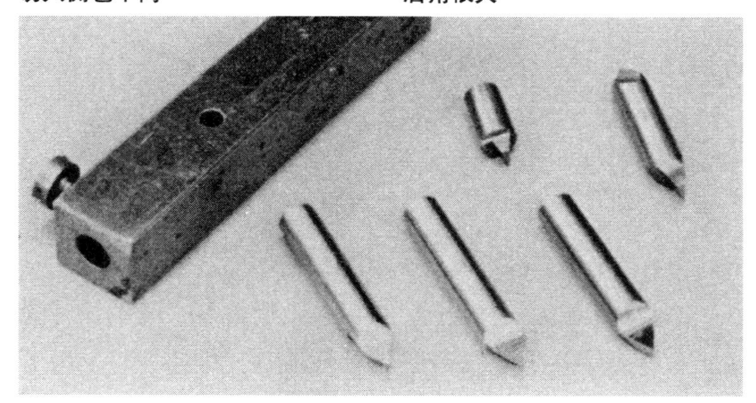

▲把加工小螺纹的整体车刀嵌入刀夹内

车刀的研磨方法

硬质合金车刀

要研磨硬质合金车刀，当然和设备有关。用 GC 砂轮（材质俗称碳化硅油石）粗研磨，然后金刚石砂轮细研磨。最早使用一般的砂轮（A 砂轮，WA 砂轮）在磨具上打磨。

用金刚石研磨床研磨时，要先用器具的刻度准确确定刀尖的角度。

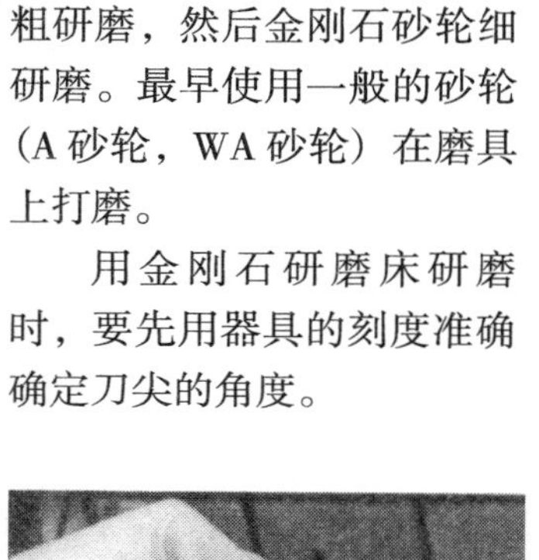

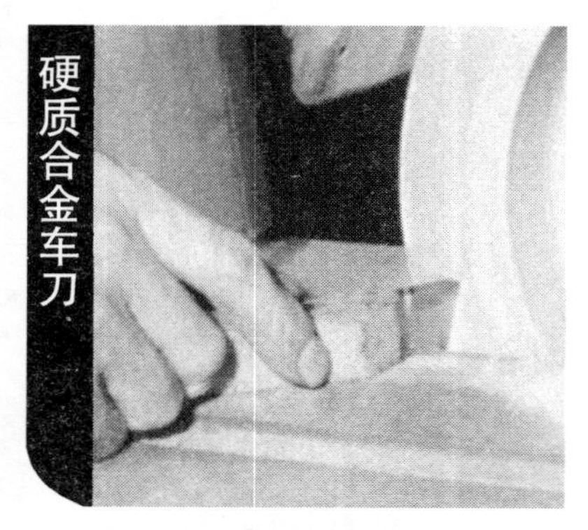

① 先用 GC 砂轮磨刃口斜角

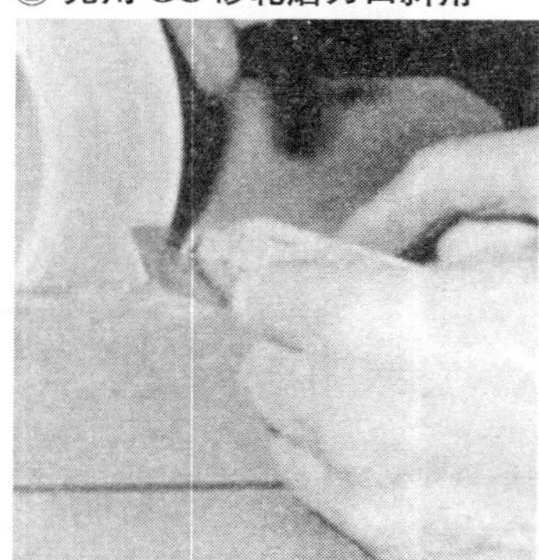

② 另一面的刃口斜角也一样

③ 用金刚石砂轮精加工刃口斜角

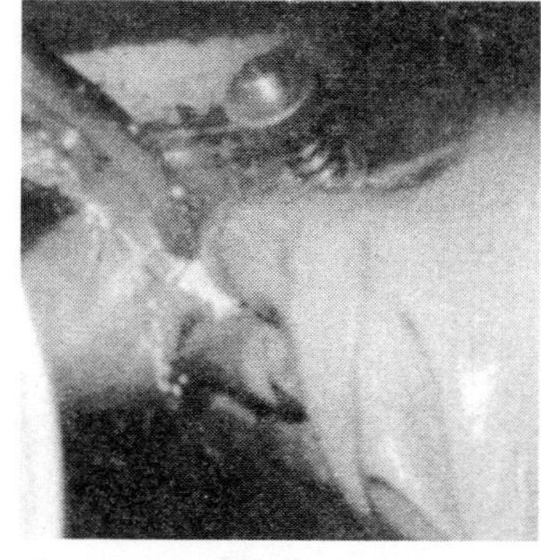

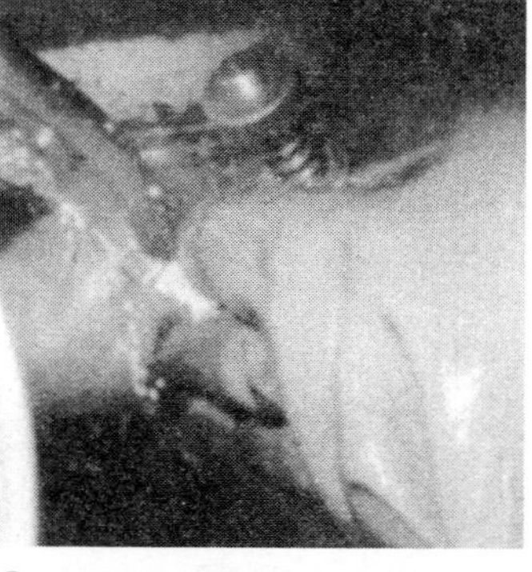

④ 也精加工另一面刃口斜角

⑤ 前角也要准确

⑥ 最后加工前端圆弧

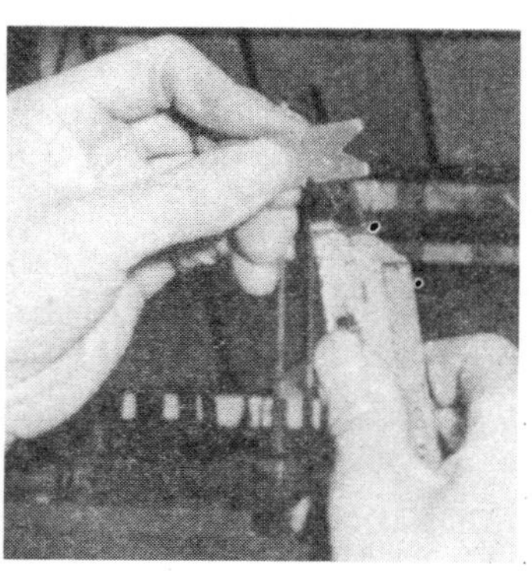

⑦ 用中心规确认角度

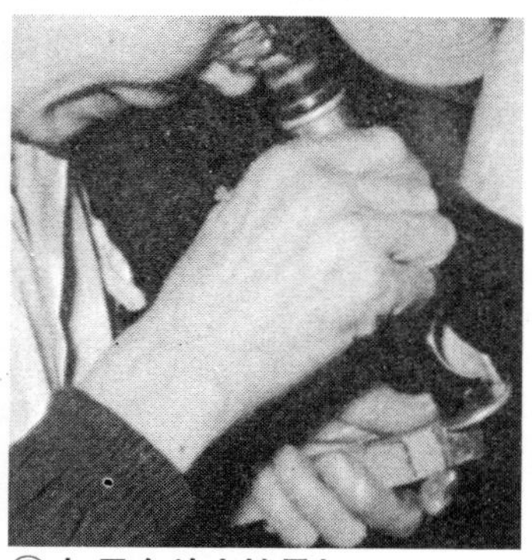

⑧ 如果有放大镜最好

打磨完后，用中心规确认。如果有弹性车刀就更好了。

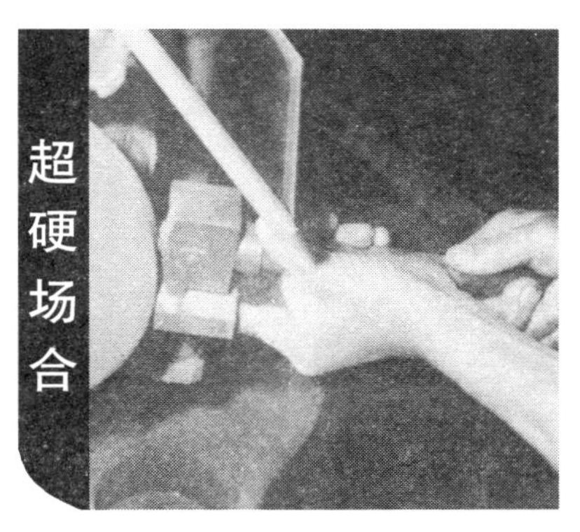

⑨ 用修整器修磨砂轮

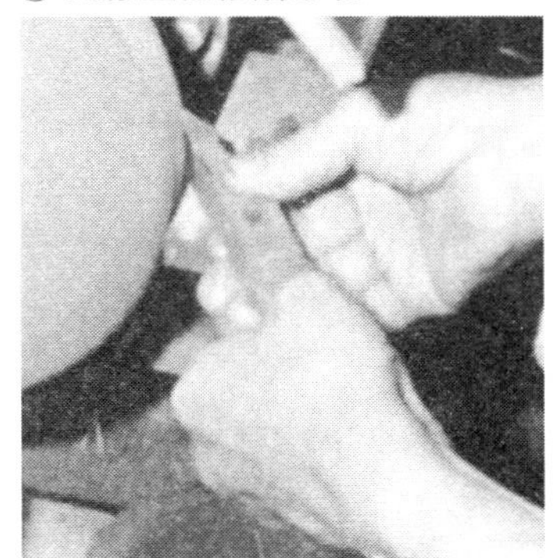

⑩ 首先是修磨斜角

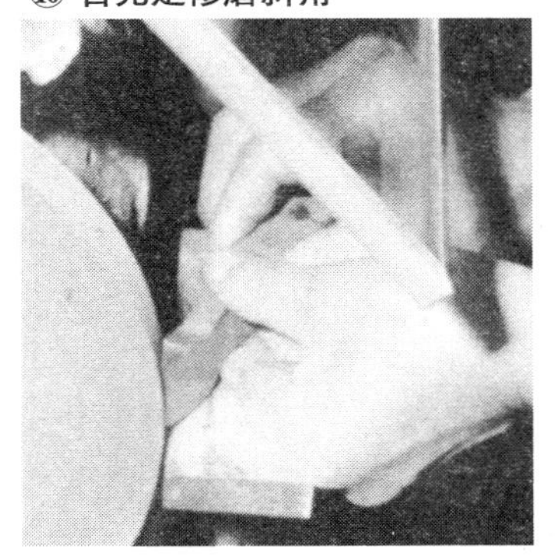

⑪ 另一面的斜角也同样

有金刚石研磨床的工厂较少。

请用金刚石手工研具把刀尖精加工好。研磨质量不同，车刀的寿命也明显不同。

高速车刀

高速车刀的研磨顺序也是一样的。

但是，一般两头研磨床的圆周面很容易损坏，但还是要定时用砂轮修整器把砂轮的形状修磨一下。

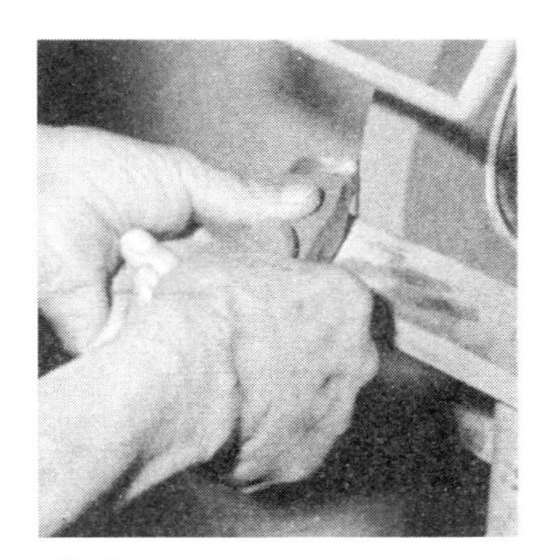

⑫ 前角

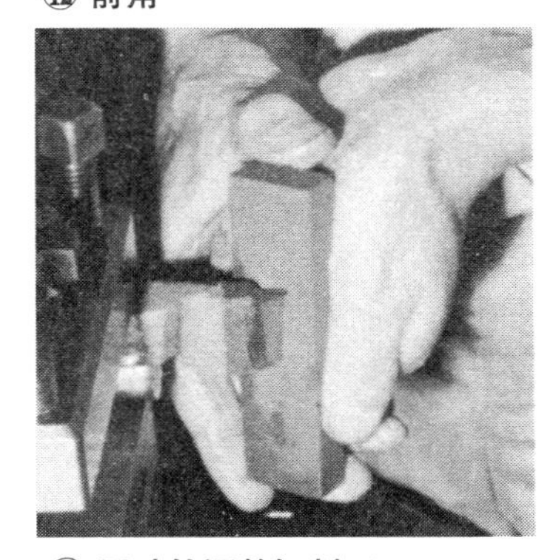

⑬ 用砂轮调整切削刃

高速车刀，也要用磨石研磨。

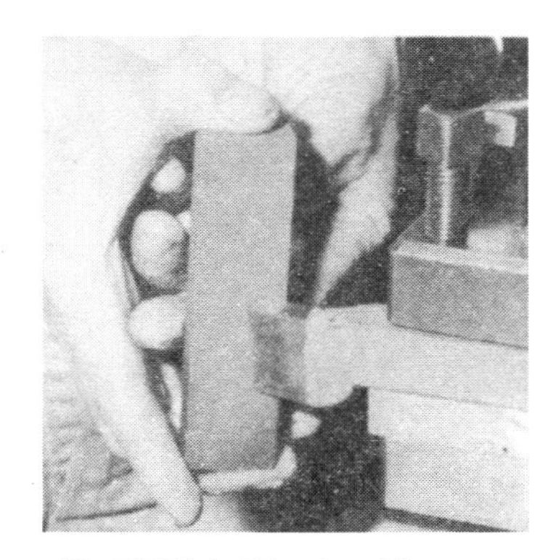

⑭ 反面的切削刃也一样

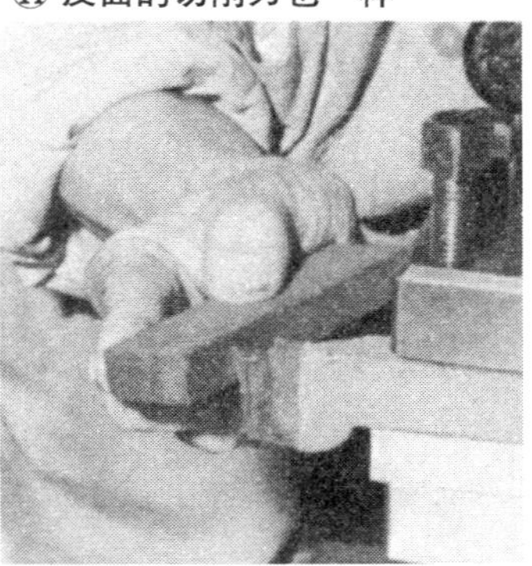

⑮ 加工刀尖圆弧

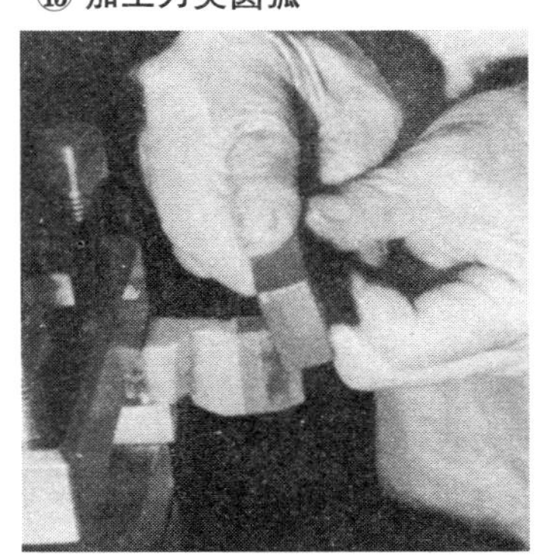

⑯ 最重要的前面

前角的修正

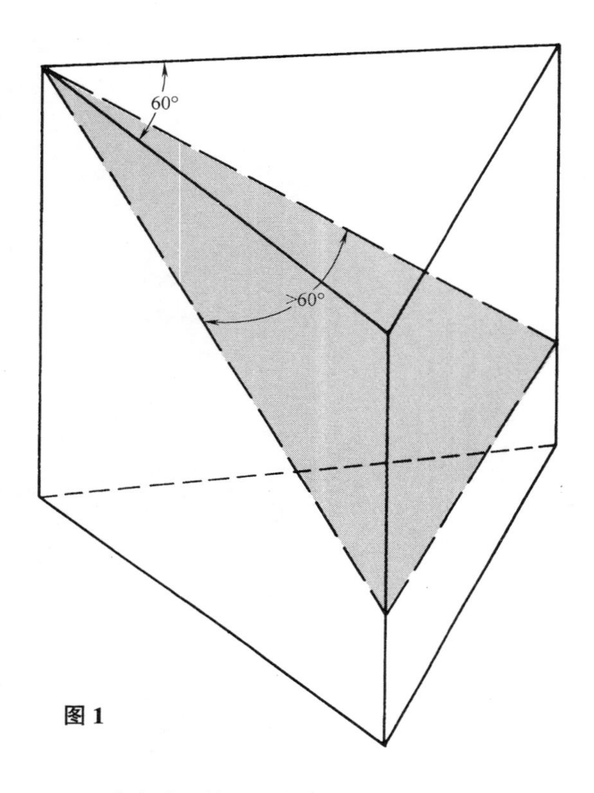

图 1

确定车刀加工能力的是前角。此外，前角还要根据被切削材料的材质、车刀的材质、加工速度等因素进行调节，也是最能体现机械工人技术的地方。原来，最近的大工厂都是集中研磨，确定了车刀的标准角度后，集中送到一个地方进行研磨，所以按照这种研磨方法就没有差别了。

螺纹型角和前角

如果螺纹车刀的前角修正得不好，会影响螺纹牙型角。假如想把车刀打磨成刚好60°，切削刃和模具方向的前角若稍有变动，那 60° 角当然也会产生变化。

请参考图 1。

图中是一个 60° 正三角形的柱体。如果前角是 0°，就是三角柱的顶点。把它斜着切断，切断面就小于 60° 了。

车刀的刃尖的原理也同样。如图 2 所示，前角为 0° 的线是 AB，得到前角 θ 的线是 AC，直角三角形 ABC 中，斜边 $AC=b$，底边 AB 就比 a 要大。把这样的关系表示在平面图上，如图 3 所示。如果确定前角，就会发现比 60° 小。

加工螺纹的车刀，在其 60° 角的两侧的切削刃上，有各自不同的后角。当然，也有前角。而且，两侧的后角不一样。一般进给侧的切削刃的后角要大，另一侧的要小，如图 4 所示。

如果确定前角，60° 的角度如图 5 所示，会更加小。而且因为两侧的后角不同，左右的形状也不对称。

不能先确定前角

那反过来，先确定前角，再做 60° 角怎么样呢?

这也不行，那是因为 60° 角的测量方法的问题。为了正确测量 60°，切削刃要和中心规一致。但是，中心规是水平的，只能让前角倾斜，这种倾斜状态下得到的 60°，是

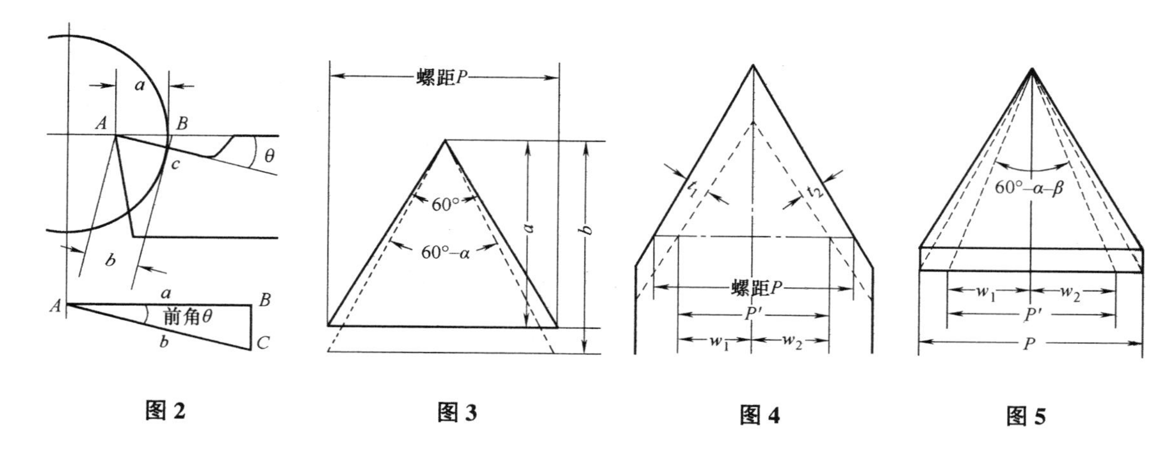

图 2　　图 3　　图 4　　图 5

切削刃比通过轴心的水平线要低的位置取得的60°。在这个位置按60°加工时，通过轴心的水平线就会比60°大，和图3相反了。

为了修正接下来的操作，有个计算公式。但是，即使用这个公式进行计算，也没有按计算角度而进行的测量方法。即使有方法，那也是在精密测量室所做的工作，而不是在加工工厂。那样的操作就不是一般的加工了。如果不是集中进行大批量研磨，就不实用。

宽头刀就更加复杂

以上说明的是前角直线形（平面）的情况。如果前角不是直线而是曲线（曲面）——俗称“槽口”就更加复杂了。

而且，确定前角有很多方法，不仅有与车刀整体轴线平行的方法，还有与进给侧切削刃平行的方法，也有取其中间值的方法。

所以，螺纹车刀的角度，不仅仅是集中研磨，似乎更多还是依赖于熟练工人的经验。除了正确测量加工的螺纹以外，没有其他的方法。

特别是如果车刀安装高度不正确，车刀的角度无论怎么正确也没有意义。车刀比中心高了或者低了，牙型角都会变大。

因此，纠正车刀角度偏差的方法，除了研磨车刀的方法熟练之外，还要分别使用粗加工用车刀和精加工用车刀进行加工。

粗加工用的车刀只有准确的前角，才能很好地提高加工效率。精加工用的车刀，要尽量减小前角（2°左右），降低转速，充分使用好切削液，那么实际操作中就没有问题了。

这样根据被切削材料的材质、用途不同，角度稍有误差，但还是可以通过精加工达到2级螺纹公差的范围。

矩形螺纹的

▲小型千斤顶的螺纹是矩形螺纹

矩形螺纹，一般用于向轴方向载荷的情况下，也用于受周期性载荷多的地方，一般用于载荷大的情况。

身边最近的例子就是台虎钳的螺纹。需要整天拧紧、松开，紧固时要求很大的力。阀门水管之类的螺纹无论大小（小的

▲用弹性刀夹的车槽刀加工矩形螺纹

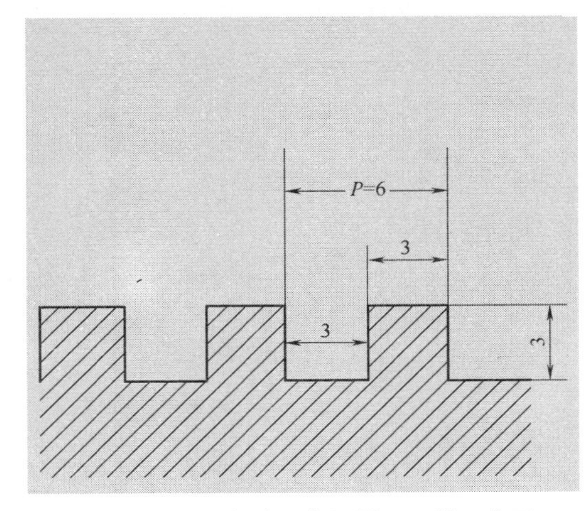

▲螺距是 6mm，螺纹牙断面是 3×3 的正方形

是水管龙头)，都是矩形螺纹，仅是尺寸略有不同而已。千斤顶和螺旋冲压机等也是使用这样的螺纹。

因此，对矩形螺纹适用于大载荷，即要求矩形螺纹可以强度大，对螺纹的精度没有更多要求。

为了承受强力，螺纹牙就会大，矩形螺纹的螺距也必然大了。

所以，螺纹牙的扭曲也增大，当然也不是一直会这样。这样看来，矩形螺纹的加工是比较难的。其实，这在螺纹加工里反而是比较简单的。

与三角形螺纹和梯形螺纹不同，矩形螺纹没有单面切削或双面切削的麻烦，也没有中径的问题，因为精度要求并不高。

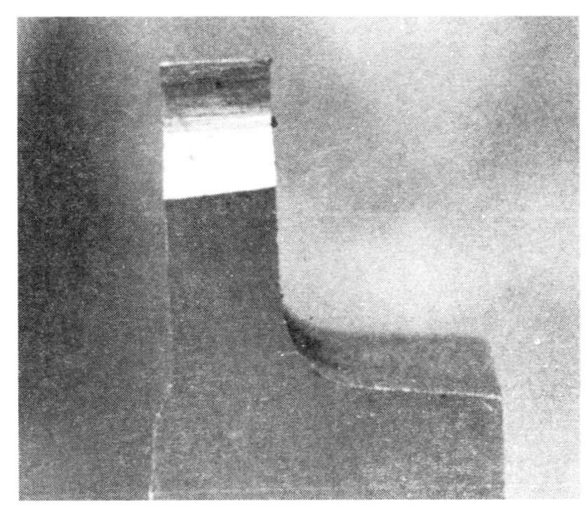

▲为了加工矩形螺纹，使用车槽刀

矩形螺纹没有其他螺纹那样固定的牙型。一般，没有指定牙型尺寸时，就把螺纹牙的断面做成正方形。例如，螺距是 6mm 的矩形螺纹，牙宽 3mm，高 3mm（沟槽宽当然也是 3mm）。

车刀直线进给加工矩形螺纹，按沟槽的深度（牙的高度）尺寸加工就行了。

螺纹车刀，从螺纹牙的形状考虑，车槽车刀适用于加工短的螺纹。只是刀的刃宽要是螺距的一半，同时因为螺距宽的螺纹较多，多使用高速钢弹性车刀。

矩形螺纹加工最大的问题是车刀的研磨方法。刃宽是螺距的一半即可，操作起来不容易。如，螺距、导程增大，螺纹升角（导程角）就会大，车刀的后角会碰到螺纹牙的侧面。

另外，导程大的螺纹，螺纹牙顶和牙底的螺纹升角会不相同。所以，外圆周（螺纹牙顶）上，切削刃的宽度和沟槽宽一样，牙底（沟槽）上螺纹牙的下面会凹进去（见第 92 页）。

为了避免出现这些现象，凹进去的部分使用车刀前刃宽度较小的梯形车刀。一般矩形螺纹不会有精度问题，在同一条件下加工内螺纹时，与外螺纹相反可以互补，比较简单。

▲先加工矩形螺纹

梯形螺纹的

▲矩形螺纹的沟槽已经很深了

梯形螺纹有定心度（见第 45 页），螺纹牙大。所以，要使用精度高的进给装置。机床的丝杠等机床中进给用的螺纹，几乎都是梯形螺纹。

梯形螺纹有 30° 梯形螺纹和 29° 梯形螺纹，可依次加工成规定角度。30° 梯形螺纹用螺距表示，29° 梯形螺纹按照 1in 多少牙数来表示。

梯形螺纹一般比三角形螺纹的螺纹牙大，所以切削量也多，和三角形螺纹的进给方法不同。

▲加工两侧的齿侧面，有两条切屑从两边出来

加工方法

根据梯形螺纹的基本牙型，用牙底宽的矩形螺纹用的车刀开始加工牙宽的矩形螺纹。与一般的矩形螺纹相比牙底的宽度大得多，所以必须取好后角。

其次，用与梯形螺纹的基本牙型相符的车刀精加工两侧的牙侧。为了加工牙侧，梯形螺纹的牙会增大，一个车刀加工两边时受力太大，所以要一面一面地加工。

要加工梯形螺纹，先加工矩形时，要尽量做到只加工到8分的尺寸。矩形螺纹一次的进给量只能在0.05～0.1mm左右。但是沟槽较深，所以会花费很多的时间。而加工牙侧时，进给量为0.05mm，就会有30°的角度。

读出的刻度 $=0.05\text{mm}\times\cot 15°$

$=0.05\text{mm}\times 3.732\approx 0.2\text{mm}$

会产生原来4倍的切屑量。也就是说，同样的切屑，由于螺纹升角的余角，运动中的切削刃长度会变长，切屑就会变薄。

梯形螺纹主要用于进给装置，内螺纹基本上用于较软的非铁金属。特别是黄铜、青铜等，切屑可以很好地排出，从一开始用成形车刀直线进给即可。

梯形螺纹大多是精密螺纹，用车刀加工时要多加注意。梯形螺纹用的对刀样板，有对应各种螺距的牙型，这个对刀样板在最后

▲梯形螺纹角度规

▲加工两侧齿侧面的梯形螺纹用车刀

▲用指示表测车刀的端面

确认切削刃宽时使用。

首先，把刀柄当成基准平面，以左侧面为基准，把角度规等设成正确的15°，以斜面为基准，精加工成30°。最后用对刀样板测量前端刃宽。

把指示表装到此成形的车刀的刀柄上，按照正确的端面安装，就是正确的角度了。

▲先切第 1 线

▲再切第 2 线

多线螺纹的

▲16 线的内螺纹和外螺纹

说到多线螺纹的加工方法，和其他螺纹的加工方法没有区别。问题在于如何加工多线（2 条以上）螺纹。每 1 线螺纹，不是用螺距而是用导程（见第 22 页）来表示“螺距 × 线数”。

多线螺纹的加工方法（切削）有很多。

① 把丝杠和开合螺母的啮合分开一部分

▲最后切第 3 线

啮合的齿轮，只以每周一线螺纹的速度旋转主轴，这样的方法有三种。

ⓐ 分开代替齿轮的一个啮合处（一般是第二个），把齿数分成等分。这个时候，齿数必须是线数的整倍数。

ⓑ 在新型机床上，主轴一端的外围带有分度标记。与 0 重合之后，卸下背轮（使变速机械构造处于空挡位置），与线数相一致之后再放入背轮。一般只限于 2、3、4、6 线，这大概是因为背轮齿数很容易成为它们的公倍数。

ⓒ 高级机床带有分度装置。拉动旋钮，在对应线数的数字处，插入一个操作程序即可。这个方法和ⓐ的原理是相同的，虽然不旋转主轴，由于传递了转速比，以每周一线的速度移动了啮合处，所以实质上还是只旋转了主轴。

② 以每周一线数的速度旋转工件的方法，这种方法也有两种。

ⓐ 在两个中心支撑的情况下，事先将装着在拨盘上的夹头正确地等分杆部（螺栓），根据线数替换工件。同样地，夹头如果不和每个线数处于同一位置，螺距就会混乱，因此需要注意。

ⓑ 将分度用的工具事先安装在主轴上，用此工具以每周一线螺纹的速度使工件旋转。

③ 用使刀具移动一个螺距的方法，即在复式刀架上使用手柄刻度或者是测微计，只

▲首先与 0 重合后卸下背轮

▲如果是 4 线螺纹，空转主轴与 4 重合

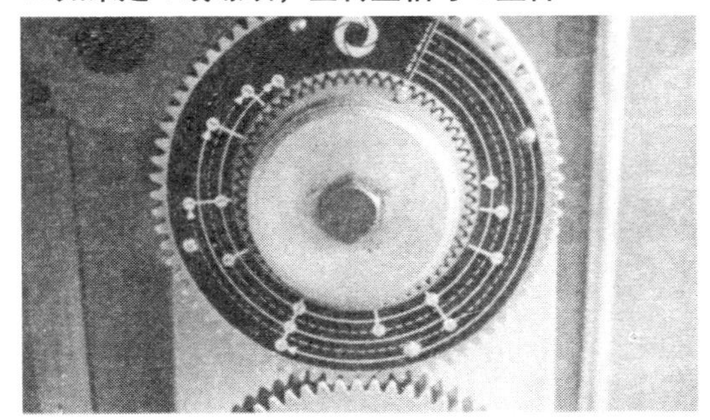

▲附有 2、3、4、5、6 线分度装置的车床

进给一个螺距。当然，事先要使丝杠和对开内螺纹的啮合处保持原状。

④ 使用测微计的方法。这个方法会因螺纹的导程和测微计的刻度而受到限制。比如，某一导程的螺纹在测微计的刻度下，只能用于处于线数倍数的位置，和对开内螺纹啮合的时候使用。

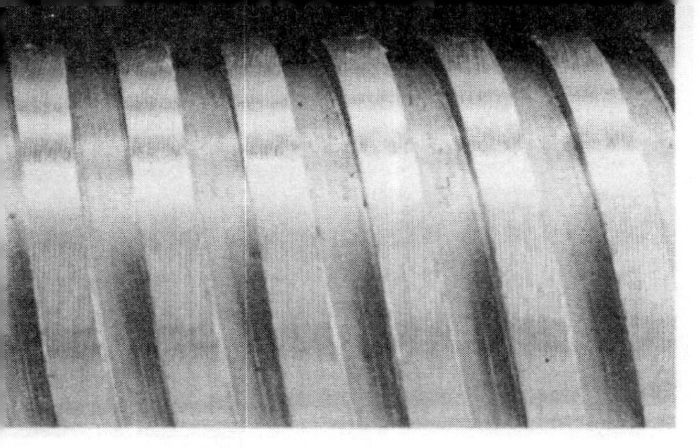

▲大导程螺纹槽底部的导程角比较大

大导程螺纹

为了增大矩形螺纹、梯形螺纹、蜗杆的螺纹牙，螺距 = 导程变大。而且，导程变大的多线螺纹也在矩形螺纹、梯形螺纹、蜗杆上经常出现。

导程变大，加工中的螺纹和刀具之间就会产生各种各样的问题。

首先是前角，如图 1 所示，刀具进入侧刃口的前角大于所需的角度，相对的非接触侧面刃口的前角就变成了负的了。这样一来，螺纹牙侧的加工表面的一边（前角的负向一侧）就会变差。而且，无论怎样设置后角都不能使两边的平衡，也会影响加工面，刃口的寿命就变得不均衡了。

因此，考虑采用使两侧刃口的前角相同的方法。

最常见的就是如图 2 所示，使刀具倾斜与导程角相同角度的安装方法。这样，两侧

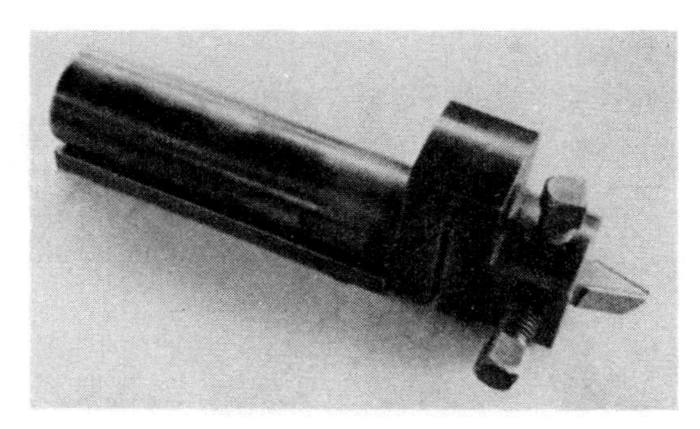

▲把刀柄制成圆棒形，使刀具倾斜

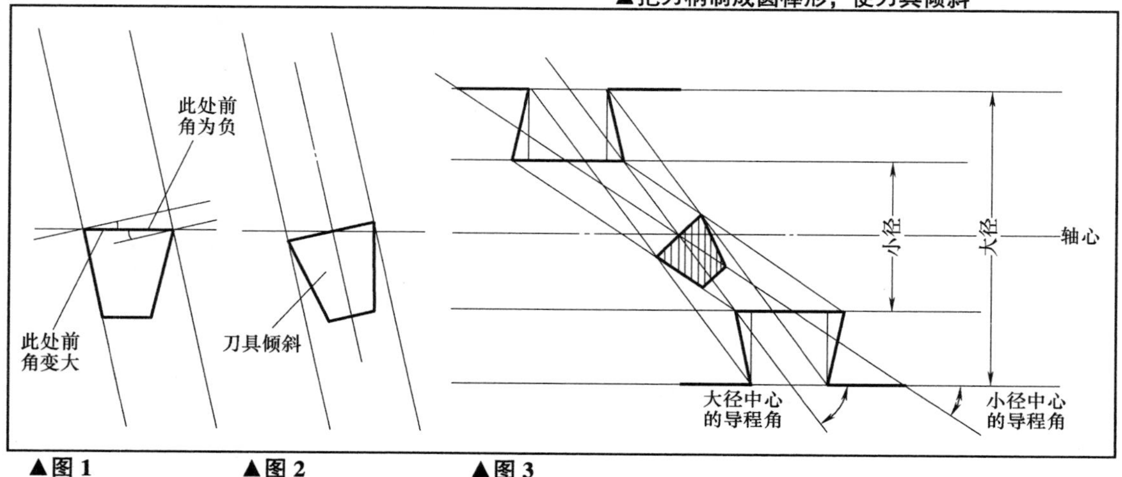

▲图 1　▲图 2　▲图 3

的加工方法

刃口的前角和后角都能够变成一样的了。精加工面和刃口的寿命也是一致的。

为了使刀具倾斜一个导程角，应该将刀柄换成圆棒形，安装在 V 形沟槽上。一把刀具就足够，研磨的方法简单，加工效率高。

然而，这种简单的方法也会产生各种各样的误差。

① 所有的螺纹和蜗杆，其形状和螺距根据轴心的垂直断面来决定，但它和螺纹牙的垂直断面不同。图 3 是矩形螺纹的情况，在轴心的高处使刀具倾斜成导程角或直角。但是，沟槽中心的导程角（或螺纹升角）在大径和小径上是不一样的。从两侧中心的螺旋角开始，向大径和小径，以刀具的刀宽画出平行线，连接四点，就变成了如图 3 所示的倒梯形。当然，梯形螺纹也有同样的倾向。这是因为刀尖的刀宽必须做小。

② 左右两端的切削刃从中心分开，一侧高，一侧低。在刀具与对象点对齐的同时，其尺寸也会变得不同。当然，就变成了在轴心的垂直断面上左右两侧的不同曲线（见图 4）。

③ 刀尖的切削刃也倾斜了。因此，加工沟槽底部的切削刃的高度不同。比中心高或者低的切削刃，分别比中心部分的直径要大。即沟槽底部是中央部分凹陷的曲面。不过，螺纹底部实际上是空刀槽，是不起螺纹的作用的，因此在实际应用中问题不大，只是导程角会产生误差（见图 5）。

为了避免以上的缺点，就要像图 6 那样，使用两边切削刃前角同在一个中心线上的刀具。但是，这样的刀具研磨起来非常困难。不如像图 7 所示的那样，每一侧分别使用专用的刀具，精度要求高的梯形螺纹就采用这种方法加工。

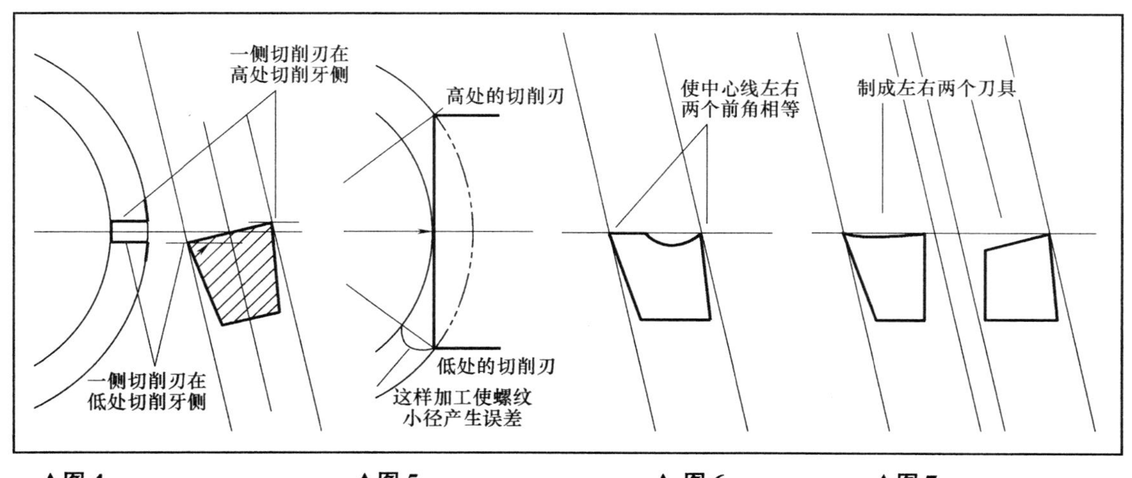

▲图 4 ▲图 5 ▲ 图 6 ▲图 7

圆锥螺纹的

圆筒的内、外面围成的圆锥形上设置的螺纹叫做圆锥螺纹。

在圆锥螺纹中，有螺纹位于轴的垂直方向上的，也有位于锥面的垂直方向上的。

而且，螺距也是如 38 页所述，有和轴平行的，也有和锥面平行的。

在使用圆锥螺纹的实例中，最有代表性的是钢管螺纹，身边常见的还有照相机的自拍快门装置（见第 152 页）。除此之外，其他的就不怎么常见了，不过高压天然气容器（液化石油气弹型储气罐）处的螺纹、人造石墨电极的螺纹、容器塞的螺纹等，有各种各样尺寸的圆锥形和螺距。

圆锥螺纹的加工方法和车床的圆锥加工相同。倾斜主轴台、用双顶尖加工移动尾座或利用仿形装置等。这其中，倾斜主

▲圆锥管螺纹

▲液压仿形装置的圆锥仿形加工

▲车床的锥形切削附属装置（右下）

加工方法

轴台的方法除了在专用装置中使用外，一般不经常使用，和双顶尖加工一同加工出法向的圆锥螺纹。

标准圆锥螺纹全部是端面牙型，螺距也与轴平行。

因此，运用仿形加工的原理一边进给加工工具，一边使之在垂向移动。此时，使用圆锥加工的附属装置时，保持其状态则不会产生螺距误差。但是在使用液压仿形装置向刀架座倾斜一定角度时，必须根据刀具的后退量修正螺距的误差，这种修正主要用于交换齿轮。

制造钢管多使用的是圆锥螺纹，这种螺纹是1/16圆锥。制造钢管的工厂里所进行的螺纹加工，机床全部为专用装置，一般机床并不常见。

作为管子接头内螺纹的圆锥螺纹，是用圆锥螺纹丝锥加工的。

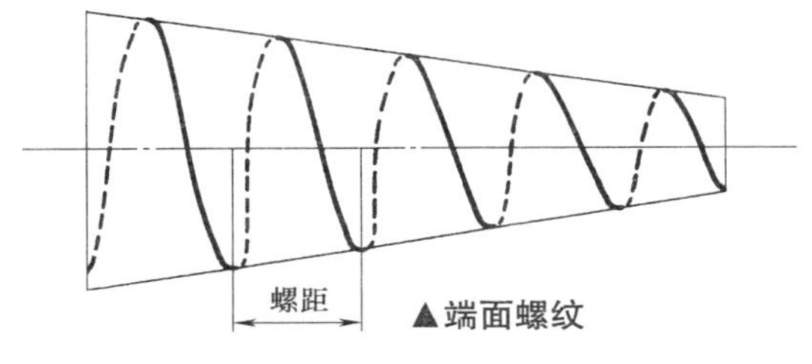

▲端面螺纹

▼法向螺纹

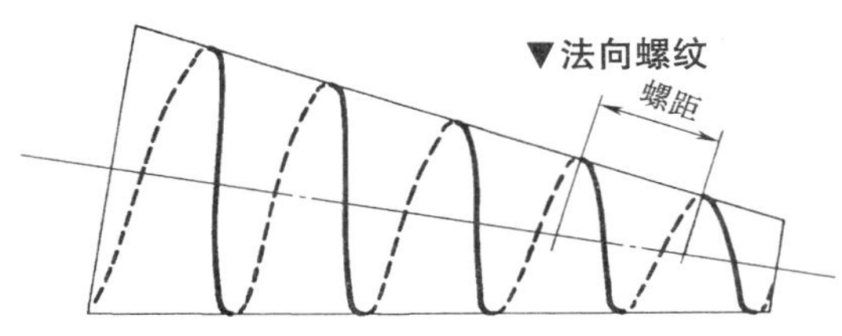

▲端面螺纹和法向的圆锥螺纹

圆锥形螺纹的外螺纹和内螺纹的互相旋入会变成什么形状呢？

最初螺纹是不起作用的，和圆锥轴的小径部分进入圆锥螺纹的大径部分的原理相同。在互相进入一定深度后，螺纹牙型卡住时全部螺纹开始起作用，大约在旋转最后一周时，螺纹牙型的顶部互相挤压，而且，牙侧处圆锥的效果开始显现，首次使螺纹发挥作用。正因为如此，圆锥螺纹用在承受压力的地方，如制造钢管时。

▲使用圆锥螺纹丝锥加工内螺纹

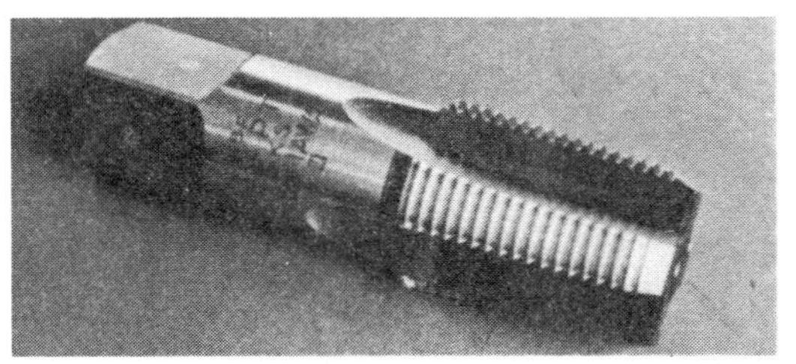

▲加工钢管用的圆锥管螺纹丝锥（用PT代号标记）

螺纹和蜗杆的区别

蜗杆本来是齿轮的一种。蜗杆和蜗轮啮合而成的叫蜗杆副，两个轴垂直的情况比较多。

这种蜗杆的定义是“有 1 个齿或 7 个以上齿数的螺纹形状的齿轮”。

在蜗杆中有圆柱蜗杆和弧面蜗杆，一般使用的大都为圆柱蜗杆。

螺纹形状齿轮的外观与螺纹，尤其是与梯形螺纹完全相同，不同的一点是，螺纹牙型变成了齿轮的齿形。因此，梯形牙型的角度和高度与梯形螺纹不同。

蜗杆副里，旋转运动只从蜗杆向蜗轮传递，这一点和齿轮不同。而且，其转速比也明显地小于其他齿轮。所以，蜗杆齿轮经常用在较大减速比的减速装置上。

正因为蜗杆同螺纹的形状类似，采用和螺纹相同的加工方法。因而，多用车床加工。

▲蜗杆（下）蜗轮（上）

蜗杆的交换齿轮

蜗杆的齿 = 螺纹牙型，或者螺距和导程等，其表示方法和螺纹不同。

蜗杆的齿 = 螺纹牙型的螺距，用模数 m、齿轮的齿距 p、分度圆齿距 p 等等来表示。

用齿距 p 来表示的时候，要按公式

齿距 p × 线数 z= 导程 p_z 来计算，和螺纹的螺距一样处理。

所谓蜗杆的齿距，是齿轮的分度圆上或分度线上测量的，相邻齿对应部分的距离。因此，和螺纹的螺距相同。

所谓模数，是齿轮的标准螺距除以圆周率的值，是决定齿大小的因素，用 mm 单位来表示。标准螺距根据齿条来确定时，只考虑所有齿来的齿距相同。

齿轮用模数来表示非常常见，因此在用模数 m 表示的蜗杆中

$$\text{模数}\ m=\frac{\text{齿距}\ p}{\text{圆周率}\ \pi}$$

那么

齿距 p= 模数 m × 圆周率 π

这个计算和螺纹的导程（螺距）的计算是一样的。

这样，加工蜗杆时引入了圆周率 π=3.1416，因此必须用交换齿轮来进行换算。

交换齿轮比较常见的计算如下

$$\frac{71\times120}{113\times96}=\frac{3.141593}{4}\approx\frac{\pi}{4}$$

▲π/4 的齿数为 96 的齿轮（右），齿数为 120 的齿轮（左）的背面有 113 个齿的齿轮

安装这种齿轮时，齿轮的米制螺纹模数应为螺距的 1/4。因此，在现在的车床中，大都准备好了 71、96、113 的齿轮。

不过，为了换算模数，也使用如下的比例

$$\pi\approx\frac{77}{43}\times\frac{100}{57}\approx\frac{113}{36}\approx\frac{22}{7}$$

而且，丝杠的螺距是 6mm 时，也使用以下比例

$$\frac{111}{106}\times6=6.28302\approx2\pi$$

$$\frac{42}{29}\times\frac{47}{65}\times6=6.28329\approx2\pi$$

蜗杆的加工方法

如果将蜗杆当成螺纹，而且用交换齿轮加工齿距，之后与梯形螺纹相差不大。

只是，蜗杆齿形和梯形螺纹不同，整体来说是槽沟深，并严格规定了各种尺寸。

正因为蜗杆槽沟深，如果模数变大，就会使刀具按照齿槽切入两侧面或者从齿槽到一个侧面后，再到另一个侧面的顺序进行。

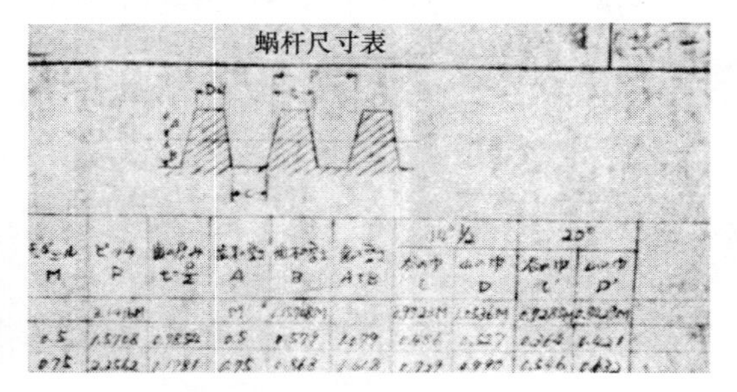

▲尺寸也随着模数变化

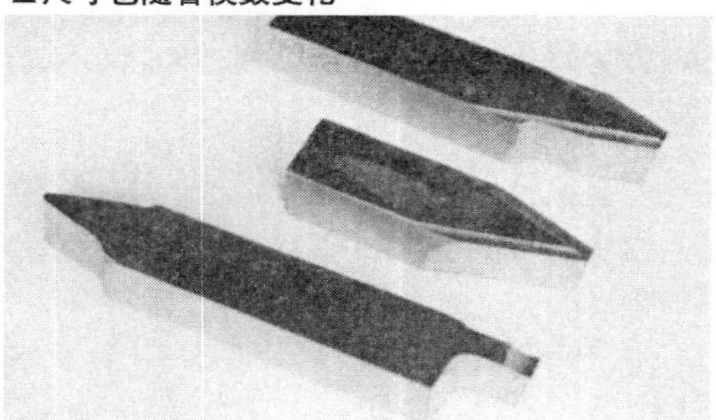

▲齿槽用的刀具和两侧面精加工用的刀具

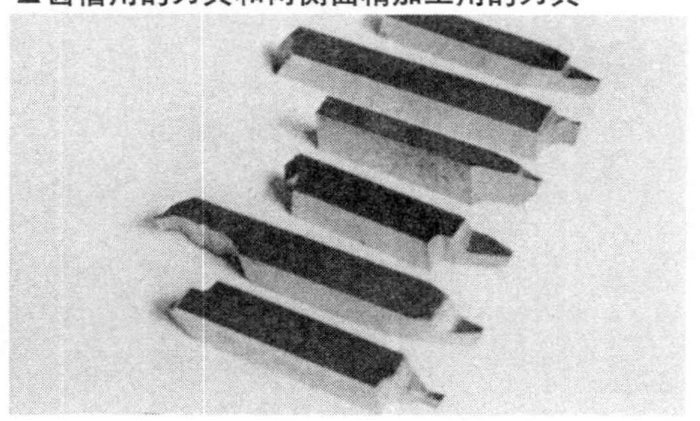

▲适用不同大小模数的各式刀具

▲首先切出齿槽

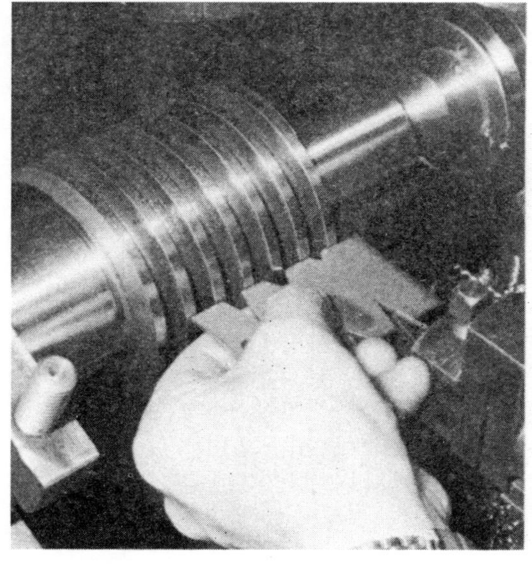

▲两侧面精加工刀具的安装

而且，如果事先按加工螺纹时的某个角度研磨刀具，其操作与螺纹的大小有关。因为根据模数大小，各尺寸的比例也会发生变化。

▲加工两侧面

刀具的安装和加工螺纹时的情况完全相同。

而且，蜗杆要倒角，测量方式也和齿轮一样。

▲最后的倒角

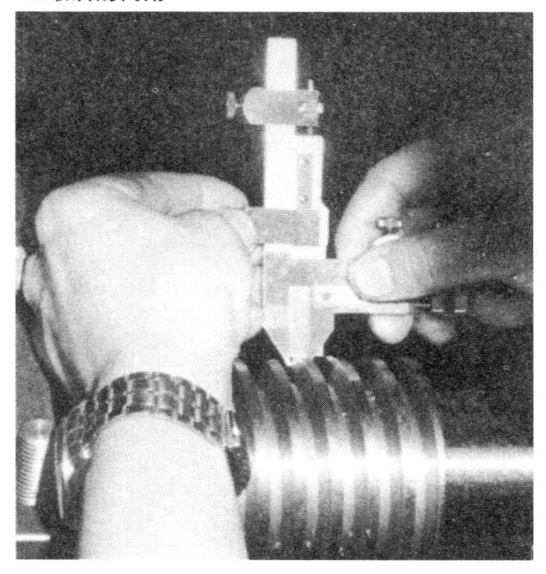

▲和齿轮一样，用齿形测量器测量

特殊刀具

①是切线形的螺纹加工刀具。左边是1个牙型的刀具，右边为多牙型刀具。

所谓切线形的螺纹刀具，是把刀具顺着相对于被加工材料外圆周的切线方向进行安装。安装在燕尾槽中，从上向下依次研磨。一旦事先使螺纹牙型成形正确，就会一直保持那个状态使用到最后，如下图所示。

②是环形螺纹加工刀具（杯形车刀）。如果刃口磨损，只要转动重磨的部分即可。只要准备了专用杆，就可以在一般车床的刀具架上使用了。

刃口在重新研磨中的位置发生改变时，有对应的修正方法，只要转动杯形刀具和把杆加工成圆棒即可。

③是多线牙型的环形螺纹加工刀具，加工梯形的多线螺纹。左边是用于加工内螺纹的，右边是用于加工外螺纹的。

④是螺纹梳刀。刃口有多个牙型，因为刀齿像梳子故得名。

用丝锥、板牙加工螺纹

丝锥、板牙

作为切削工具，丝锥一般用于加工内螺纹，板牙则用于加工外螺纹。

一般来说常见的丝锥是手动丝锥。通常是3根一套。根据丝锥顶端的切削部分长度，分别称为“头攻丝锥”、“二攻丝锥”、“三攻丝锥”。

▲手动丝锥，从里向外依次是“头攻丝锥”“二攻丝锥”“三攻丝锥”

公称尺寸在M5以下的丝

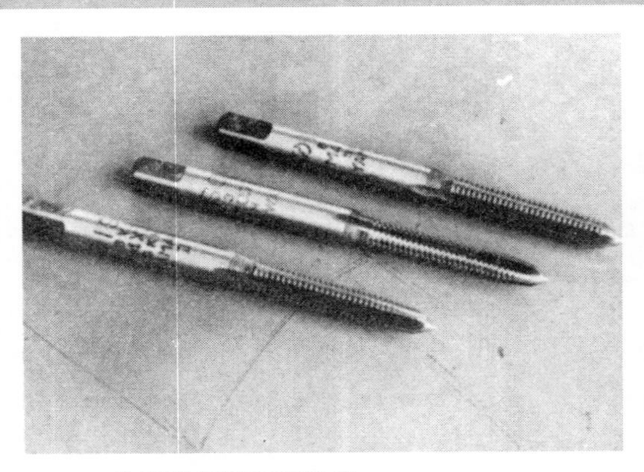

▲M4的手动丝锥顶端较尖

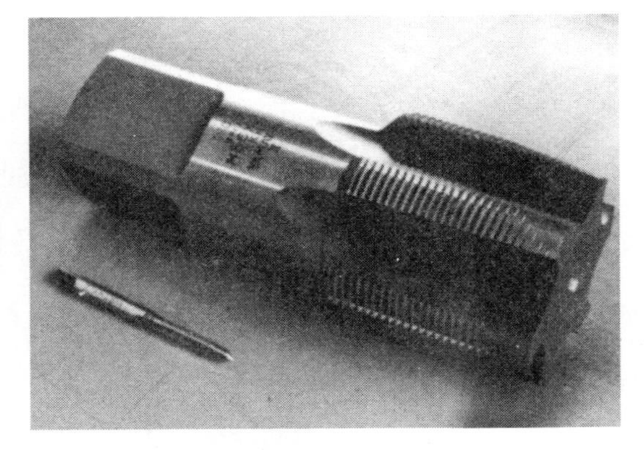

▲粗的是M56的丝锥，细的是M4的丝锥

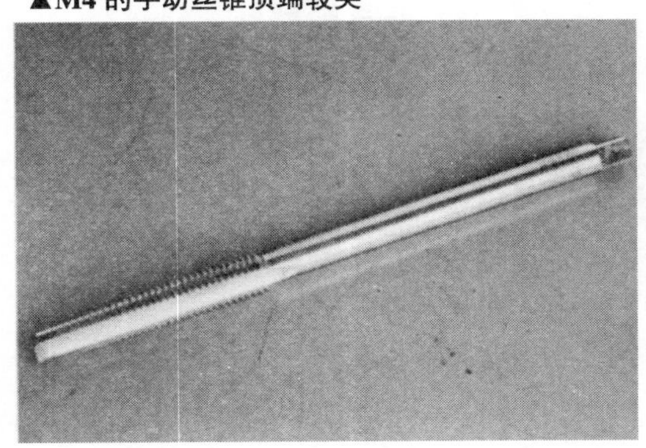

▲长柄螺母丝锥

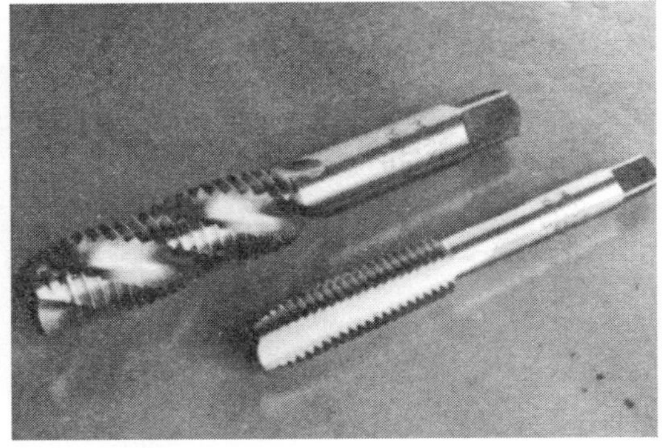

▲螺旋槽（钢管）丝锥（左侧）和螺尖丝锥（右侧）

的种类

锥，顶端很尖，那是因为从制造工艺上来讲，顶端越细小，中心孔越不好加工。

因此，只能在该类丝锥上加上手柄，采用手动精加工的方式来攻螺纹。

我们所用的丝锥有大有小、有长有短，形状各异。

长的丝锥是“螺母丝锥”。它一般安装在机床上，用于加工内螺纹。而切削部分越长，其刀片的使用寿命也就越长。这样一来，刀柄也相对加长，螺母上攻好螺纹的部分则置于此处。

丝锥也有很粗的种类。照片上的丝锥是M56的丝锥，因为有4角棱边，所以不附带手柄。仅靠人的力量无法切削。

公称值越大，切削余量也就越多，因此凹槽和切削刃也就越多。照片上与M56的丝锥并排摆放的是M4的丝锥。

小的丝锥是用于攻钟表用的螺纹的。下面照片上的工具是M0.8的丝锥和板牙。

还有一些丝锥可改变切削碎屑的排出方法，比如螺旋槽（钢管）丝锥、螺尖丝锥就是这类丝锥。

板牙是用于攻外螺纹用的工具。而外螺纹既有利用车床来加工的方式，也有通过滚压成形来批量生产的方式（见第30页）。因此，只有在进行少量的手动精加工时，才使用丝锥。当然，在使用时也可在丝锥上安上手柄再使用。

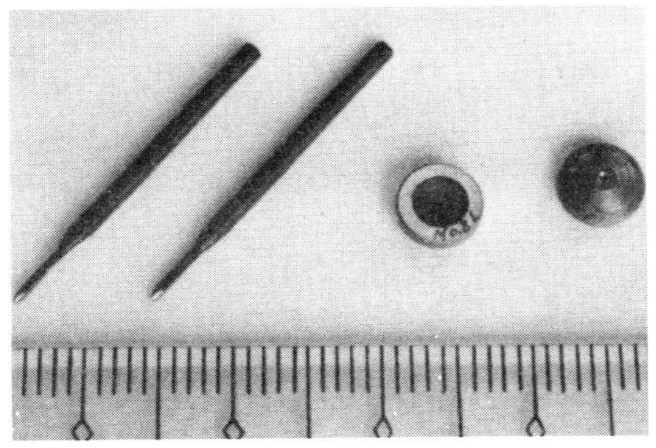

▲M0.8的丝锥和板牙

▲板牙（调整式）

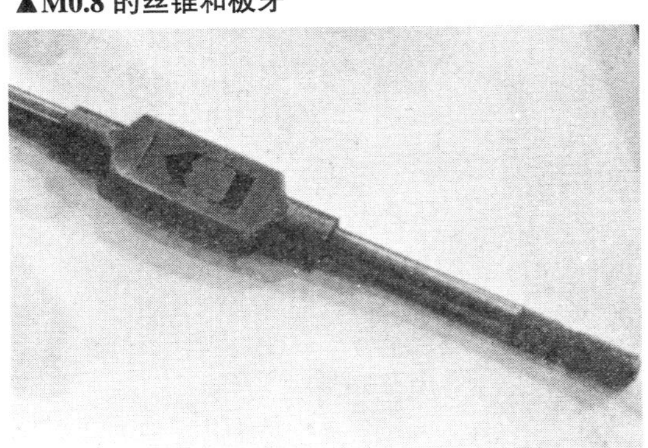

▲丝锥手柄

▲板牙手柄

丝锥、板牙的切削原理

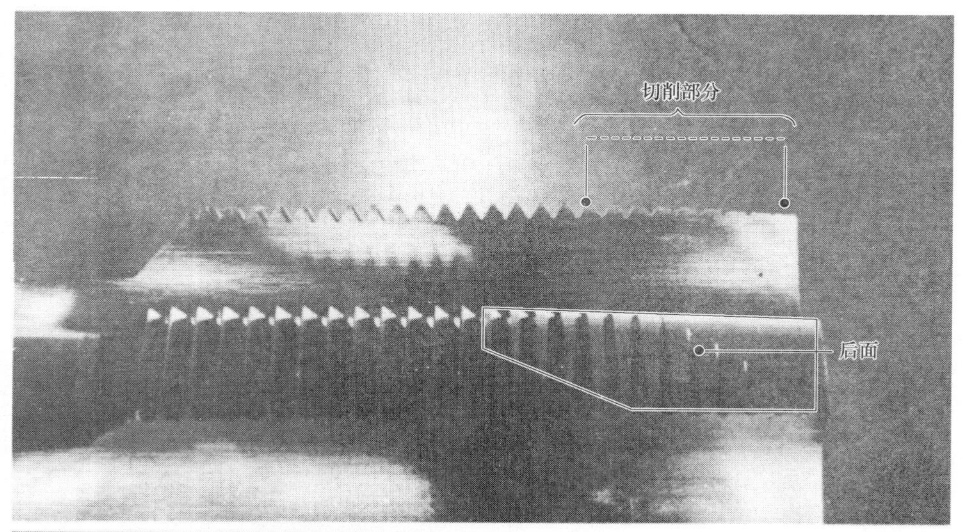

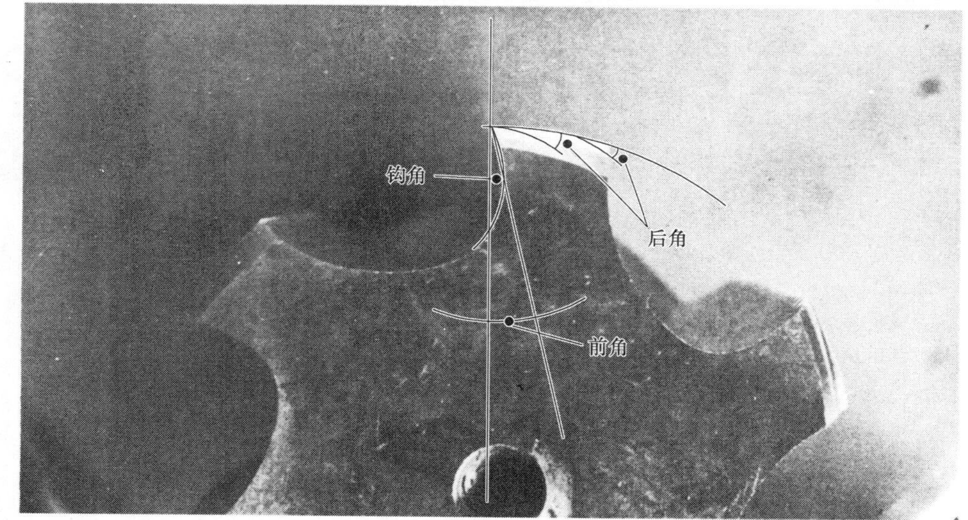

表面上看来，一把丝锥由许多切削刃组成。但事实上，担任加工任务的只是一部分。

用丝锥加工，即是在相当于内螺纹大径（见第22页）的螺纹底孔上进行加工，依次深深地加工出螺纹的凹槽，直至将凹槽完全加工出来。因此，这个加工部分越长，每一片切削刃的加工量就越小。

手动丝锥的加工部分，一般来说头攻是9个牙，二攻是5个牙，三攻是1.5个牙。全螺纹部的部分也是一样的。

在这里，将这种丝锥称之为“等径丝锥”。

根据加工螺钉的公称值的大小，在机床上使用的丝锥也依次称之为：1 号丝锥、2 号丝锥和 3 号丝锥。因此，从 1 号到 3 号丝锥，直径是逐渐增大的。之所以这样，是因为随着螺纹的增大，加工余量也同时变大，仅靠切削部分无法加工。

一般称这种丝锥为“成套丝锥”。

丝锥除了切削刃以外，还有前角。前角指的是丝锥的凹槽形状。而且这个凹槽是丝锥切屑的储存槽。

后角与切削部分相对。公称值大的螺钉，其全螺纹部分的后角有各种各样的定义。但是，仅通过实物和照片，大都无法对此进行判别。

用丝锥加工螺纹时，最大的问题是切屑的处理。在螺纹底孔的周围，大约一半是切削刃部分，剩下的一半是容屑槽。所以，一旦长时间不注意清理产生的切屑，较长的切屑就会在狭小的空间里缠在一起，使加工阻力增加。

而加工阻力的增加，则正是丝锥折断的原因。

因此，按本书第 108 页所提到的方法来做，攻螺纹的切屑应尽可能切得细小些。

不过这样做，切削的效率会很差。所以我们就开始考虑能否将切屑连续地排出孔外。

螺旋槽（钢管）丝锥的沟槽（切削刃）的扭转方向与切屑的卷曲方向是一致的，它加工后的切屑是卷曲着向上排出的。

螺尖丝锥切削部分的前面结构，相对于右旋的丝锥，它的顶端的切削部分是向左旋的，这样一来，切屑向下排出，有利于加工贯通孔。

板牙加工与丝锥加工是内外相反的。但是板牙不像丝锥那样有三组一套，它通常是只有一个单件。

单件的板牙，有板牙标志的那一面是正面，在这个面上设有切削刃部分。

丝锥的切屑

丝锥的切屑如下图照片所示，大量堆积在狭小的空间。因此，在加工过程中，经常将丝锥反方向旋转，然后再一次进给，将切屑切得更细小些。

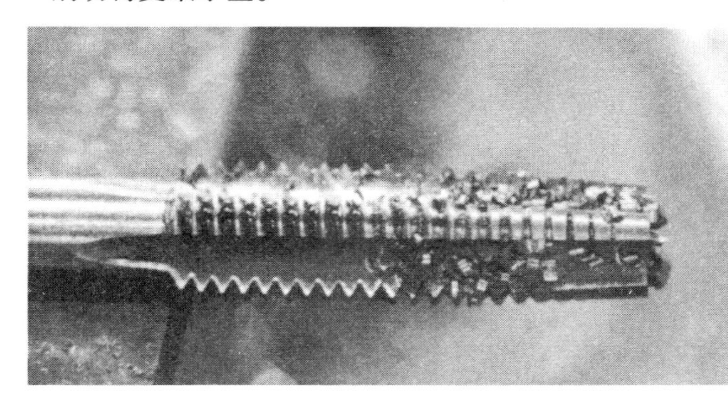

螺旋槽（钢管）丝锥和螺尖丝锥

下图左侧的是螺旋槽（钢管）丝锥，为了使切屑向上排出，它的切削面是向右卷曲的。下图右侧的是螺尖丝锥，为了使切屑向下排出，它的顶端做成了左旋。

丝锥的垂直度

以前在已钻好的底孔上利用丝锥进行螺纹加工，是手动精加工作业的基本之一。但是，最近由于机械加工的技术不断进步，机械加工的精度要稳定一些，凡是能用机床加工的零件，即使能用丝锥加工内螺纹，大部分还是使用机床加工。

如果加工的零件个数少，机床刀具的换装就很麻烦，所以利用手动精加工来攻螺纹，一般用于很难利用机床加工的形状。因此对这种加工零件精度方面要求并不太高。因此，无论是钳工，还是机械加工人员，攻螺纹可以说是一种人人必须具备的基本技能。

攻螺纹时，首先要将丝锥垂直放置。那么，对准底孔，插入锥形的切削部分时，要怎样保持其垂直呢。

一般常识是在开始攻螺纹时，首先是使用头攻丝锥。先将加工零件紧紧地用台虎钳固定，使之无法移动，然后再使用嵌在丝锥手柄上的丝锥来攻螺纹。攻螺纹时，一般是目视使之保持垂直，握住丝锥手柄的中心部位，由上至下按紧并旋转。

切削刃部分进行切削时，应两手握住丝锥手柄使之旋转，并通过旋转，切削 2～3 牙。此时，切削出来的部分还很少，稍不注意丝锥就会倒下或倾斜。

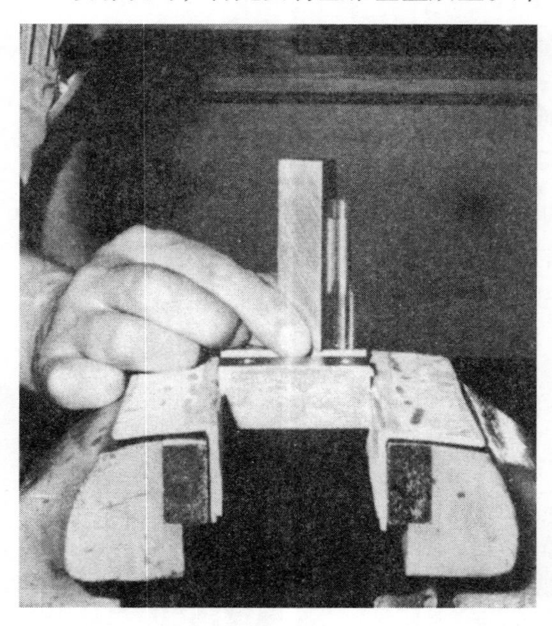

▲首先，用直角尺测量一侧的垂直度

▲接着，从垂直方向将直角尺靠近，测量是否垂直

这时，以加工零件的平面为基准，用直角尺来测量直角。但直角尺无法测较宽的面。只能以加工零件的表面为基准，将直角尺尖锐的角部靠近丝锥。直角尺靠近丝锥时，直角尺的尖角部深入到凹槽里，直角尺的尖角部沿柄的外周呈线接触。当然，这种接触并非只针对1处，而是应该在相互垂直的方向，用角尺测量两处。这样做的原因是，因为有时候只有一个方向是垂直的，而从其横向方向来看，也许是倾斜的。如果透过相交的垂直方向来看，就能够保证两个方向都是垂直的。

一旦由于攻螺纹的面积宽度狭小，直角尺超出其基准面，测量结果也就变得不稳定，而丝锥的垂直度也就无法保证。在这种情况下，可以用其他物件与加工零件的表面对齐，再一起紧固在台虎钳上，这样基准面扩大后，就可以用直角尺进行测量了。

用直角尺测量后，如果丝锥没有垂直，就应该马上进行修正。但是如果粗暴地进行修正，一旦底孔的孔口部分变大或螺纹消失，则反而会使加工精度将变得不稳定。有时候，甚至会使丝锥折断。

要修正丝锥的倾斜度，应该在旋转丝锥的同时，一边缓慢地施加与倾斜方向相反的力，这样慢慢通过2~3牙的修正，在全螺纹部分进行切削之前，丝锥的垂直度就可以调整过来。

正因为如此，用丝锥切削的内螺纹的孔口变大会很麻烦。所以，应该用正确的方法进行攻螺纹，即便是开始加工的时候速度稍微慢一点，只要保证加工好外螺纹，加工出来的零件还是会很好的。

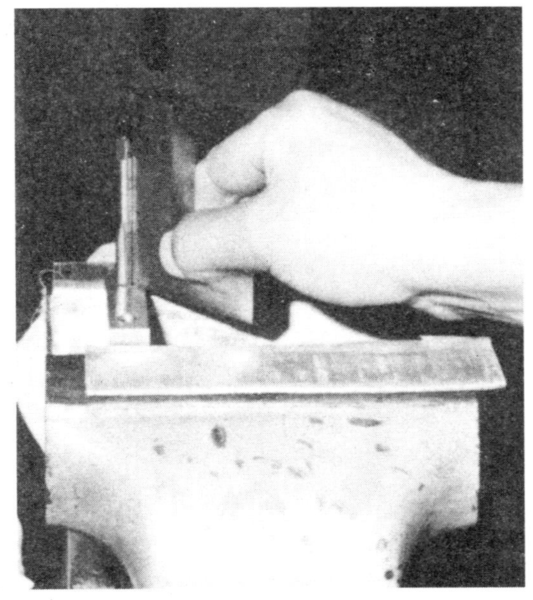

▲一旦攻螺纹面太过狭小，直角尺超出基准面则无法正确测量

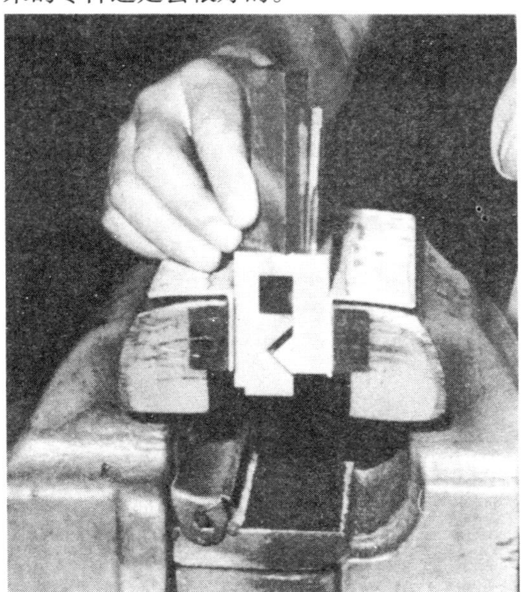

▲此时在加工件的表面上加上其他物件，扩大基准面，就可以用直角尺进行测量了

丝锥的转动方法

即使将丝锥垂直放置切削，随后在旋转丝锥手柄进行加工时，双手也必须保持平衡。

如果在加工中，我们无法保持双手的平衡，丝锥就会出现倾斜、头部晃动、轴心倾斜、攻螺纹缓慢等问题。所以要特别注意双手的力的平衡，要掌握这种平衡力，除了进行多多练习以外，别无他法。

因此，使用4mm以下的细丝锥时，与其说是用双手握住手柄，还不如说是用手指捏住手柄，轻轻地在手柄上施力。

如果用更细小的丝锥，一般就不用双手，而是用单手握住手柄的中间部位，轻轻地旋转丝锥。

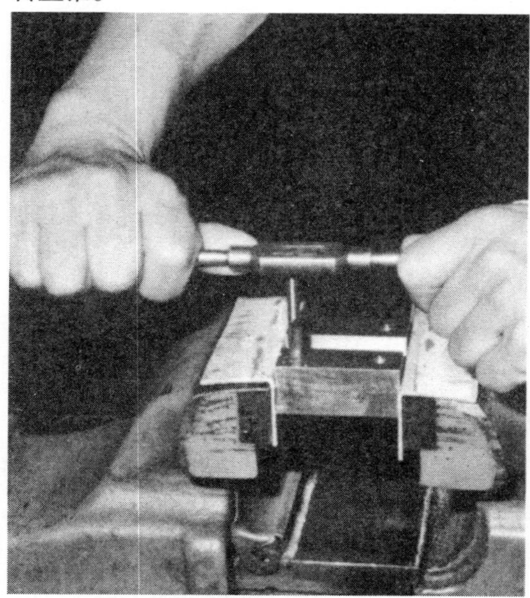

▲要使丝锥垂直、无倾斜地转动，双手平衡用力很重要

在使用丝锥的过程中，切屑很难掉落。那是因为在加工时，丝锥周围一定都会布满切屑……不仅这样，因为丝锥的切削刃有4片，所以容纳脱落切屑的空间也很少。只要想想，在车床上使用4把用于加工内螺纹的车刀时的情况，应该就会明白这种情形了。

不仅是如此，攻螺纹时还应注意避免切屑堵塞。为了避免切屑堵塞，在钢材类材料上持续且不中断地攻螺纹时，一般会将丝锥旋转半周后，再稍稍往回旋转……如此反复操作。这样一来，连续不断的切屑就被切断了。

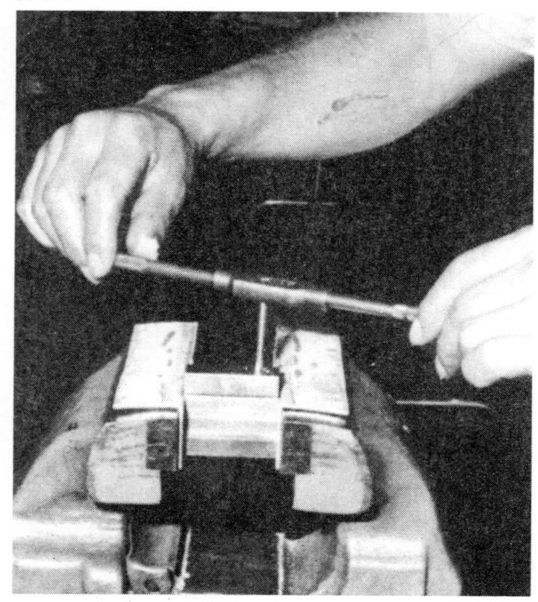

▲使用细小的丝锥时，应轻轻地用手指捏紧丝锥转动

切屑切断变短以后，就不会缠绕在丝锥上，当然也就很难造成堵塞了。

头攻丝锥切削部分以下，就是全螺纹部分。因此，对通孔进行攻螺纹时，只要用头攻丝锥使其贯通就可以了。虽说丝锥是 3 根一套，也不必 3 根都用上。

关键问题是不通孔的加工。

加工不通孔时，切屑会聚积在底部。而且头攻丝锥到达底孔时，应该还残留着 9 牙螺纹未完成。如果必须将螺纹加工到底部，就要利用二攻丝锥、三攻丝锥在先前头攻丝锥未完成的部分处加工成全螺纹。但是，实际上由于可以直接使用三攻丝锥，所以基本上不使用二攻丝锥。

当丝锥的顶端到达底孔时，如果继续勉强转动，丝锥就会折断。

丝锥的公称值在 M5 以下时，基于制作上的原因，丝锥的顶端是尖的,称为反中心。用这种状态的丝锥加工不通孔是很麻烦的。因此，一般是用研磨机研磨丝锥的顶端，使其变平，然后再使用。此时基本上不使用三根一组里的二攻丝锥。

使用丝锥进行切削时，切削液使用得是否合适，对后继加工的影响很大。但是，手动攻螺纹时，切削速度并不是很快，所以润滑油方面的要求也不太高，用菜油就能使精加工面做得很好。最近，很流行使用攻螺纹（糊状）的润滑剂。加工铸铁之类的材料时使用汽油、白煤油那样的润滑油，能避免切屑的粘结。

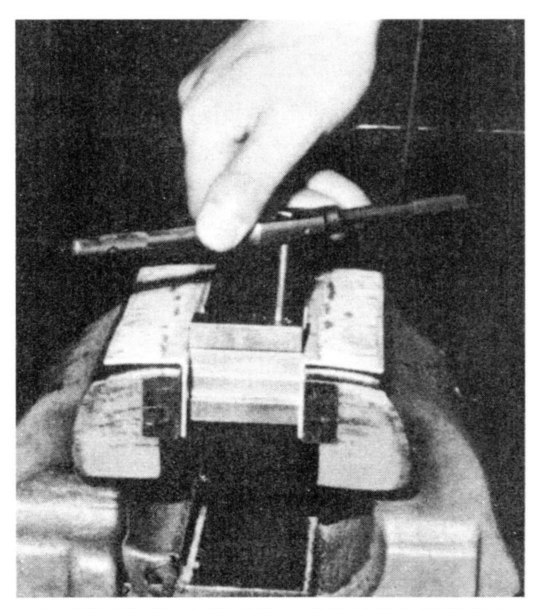

▲如果使用更细小的丝锥，则单手握住手柄的中间部位旋转

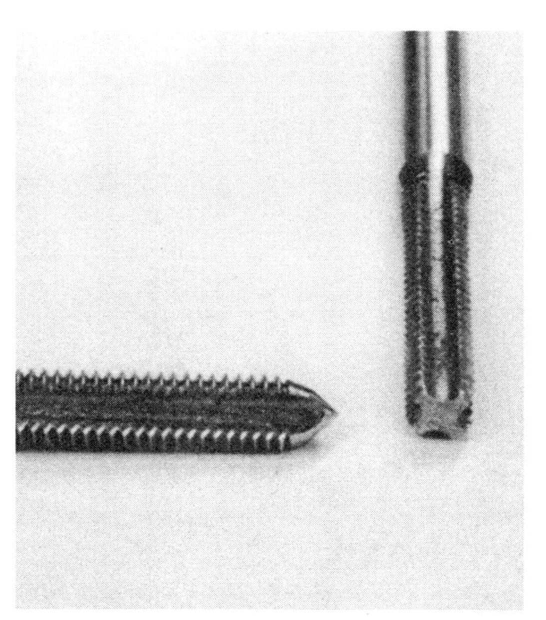

▲细小丝锥（M5 以下）的顶端是尖的，但是加工不通孔时，只要用研磨机将其顶端磨平后就可以使用

丝锥的拔出方法

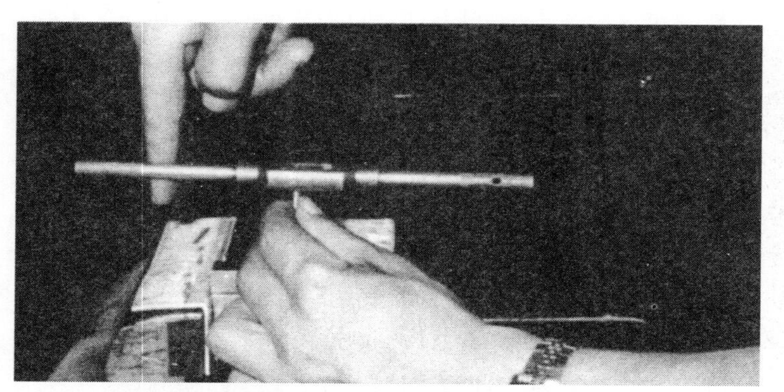

▲用左手支撑住丝锥的柄部，并将手柄向相反的方向旋转

▲在清洗油中反复摇动，将切屑漂洗取出

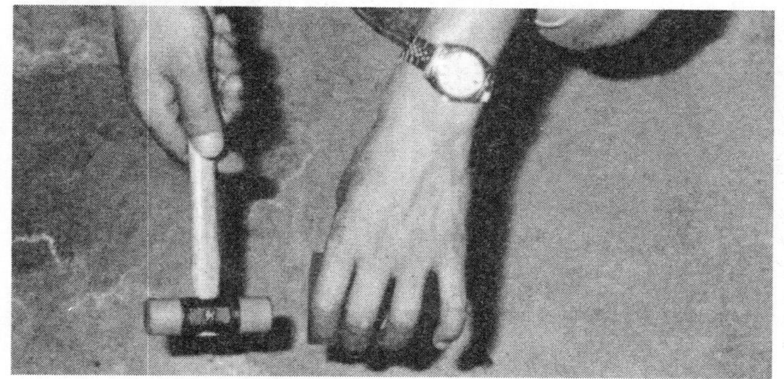

▲口朝下用木锤、塑料锤轻轻敲击，使切屑脱落

攻螺纹加工到不通孔底部时，就应拔出丝锥。此时，要用左手的手指夹住且支撑住柄部，同时用右手轻轻反方向旋转丝锥手柄。这样拔出丝锥时，丝锥也不会掉落。

加工通孔时，切屑的处理并没有什么特别的问题。但如果是加工不通孔，孔里就会聚积很多切屑，不取出这些切屑，内螺纹就无法使用。

如果是在有压缩空气配管的工厂，一般就会使用气动吹屑枪将这些切屑吹干净，这种方法是最简单的。

如果是加工很小的零件，则会将孔口朝下，在清洗油中晃动清洗。用清洗油清洗后，再将孔口朝下，用木锤、塑料锤轻轻敲击，基本上能使切屑就脱落。

万一这样做切屑还不能全部脱落，可以在三攻丝锥上涂上黄油，再将三攻丝锥插入。那么，切屑便会粘附在黄油上带出了。

折断丝锥的拔出方法

▲丝锥折断后，残留在螺纹孔中

丝锥折断啦！老实讲，到了这个地步，谁也没有办法补救。所以我们还是尽量做到不使丝锥折断。

但是，如果丝锥已经折断了，我们应该怎么去做呢？最简单的方法就是将其报废，重做一个。但是，一般丝锥折断都是发生在攻螺纹的最后一道工序中，这对于已经加工到这个程度的操作者而言，是谁也不想面对的……因此，很早以前，大家就开始思考各种折断的丝锥的拔出方法。

丝锥折断后还有一截残留在加工件上时，还是有补救的办法的。将丝锥手柄紧固在折断残留部分，用钳子夹紧后，反转拔出。

一旦丝锥折断在螺纹孔内，就会非常麻烦。

一般这种情况，我们会把2根钢琴线竖立在丝锥的凹槽上，再用圆棒类的物品夹在两根钢琴线之间，反方向旋转。当然，此时使用的钢琴线越粗越好。

还有一种方式则是利用冲头或钢凿，朝相反的方向轻轻敲打，使折断的丝锥反向旋转。

通常丝锥折断时，切削刃是咬合在一起的，所以按上述两种方法来处理，可以使最初的咬合部分松动。如果做到这一点，只要费点工夫就能将折断的丝锥取出来了。

对于无法拔出的丝锥，还有一种方法就是利用细小的冲头或钢凿将折断的丝锥敲碎。丝锥由于硬度高而折断时可以这么处理，但是只限于特殊的条件。

有时候我们也会在折断了的丝锥断裂口上焊接另外一根棒材，反方向旋转将其拔出。还有一种处理方式是用煤气将折断的丝锥退火，然后从螺纹底孔直径中心插入细小的钻头，将丝锥钻成切屑后取出。

如果使用的是比螺钉公称尺寸更粗的钻头，也可能将螺钉同时钻成切屑。一般在这种情况下，可将螺钉切成稍大的碎屑，但这仅限于加工“通孔”时。

无论是焊接还是退火，加工零件会不可避免地受到热度的影响。基于这一点，上述方法都存在着一定的使用限制。所以总之，还是以不折断丝锥为最佳。

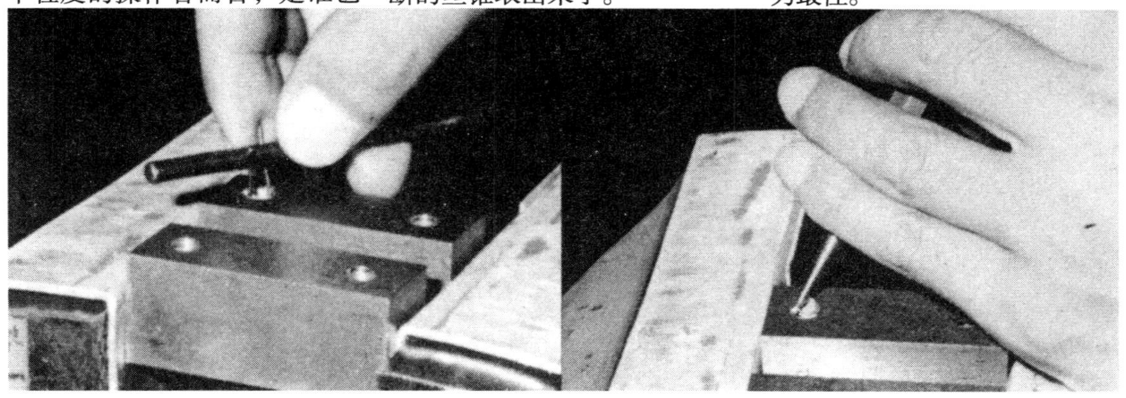

▲竖立2根钢琴线，夹住圆棒，并使之逆转　　▲用冲头敲打，使之反向旋转

在车床上用丝锥加工螺纹

当利用车床加工零件的外周、端面、孔等部位，并在零件的中心孔处加工内螺纹时——如果它的孔径小，加工内螺纹的车刀非常细时，用丝锥效率更高。

这种加工方法与在丝锥上安上手柄的方式是相同的。而将头攻丝锥插入底孔，用尾座的中心压紧丝锥后端的中心孔，就不必像手动精加工那样，担心丝锥倾斜的问题。因为这样做，丝锥和工件会自动达到同心状态。

▲用中心钻压紧丝锥后端，使其轴心一致

然后，再用左手转动丝锥手柄，同时用右手转动尾座的手柄，配合丝锥的行进来使尾座中心进给。

进入全螺纹部分，之后的操作就不必再利用尾座中心来压紧，主轴变为低速后，只需像手动精加工那样用双手使丝锥进给就可以了。

越过车床的刀架来操作丝锥手柄，是一项难度很高的操作。如果采用钻头夹盘代替丝锥手柄，添加在丝锥的刀柄部分，就不需要利用丝锥手柄来操作。通常在这种情况下，我们可以卸下主轴的背轮，用手来转动卡盘。

而使用攻螺纹装置可使攻螺纹变得更加方便。很久以前，人们就考虑到：丝锥加工到一定的深度，就要使其空转。所以以后就出现了各式各样可以实现这一功能的自制装置，而这些装置也逐渐商品化了。

一般来说，丝锥受到的阻力大到一定载荷以上时，就会发生空转。

▲用钻夹头夹住丝锥

▲攻螺纹装置

在钻床上用丝锥加工螺纹

用钻床加工底孔时，能用同样的机械设备攻螺纹是非常方便的。以前钻床的主轴是无法按照螺钉的螺距来进给的。

以前，钻工能够对应丝锥的行进，用手动阀门使主轴进给，使之与螺钉的螺距一致，并且能让主轴顺利地停止转动，或反向旋转着返回。

而现在则不需要进行这样费时又危险的操作了。因为现在市场销售着一种“攻螺纹装置”，通过这种装置，丝锥边切削边进给，一旦丝锥达到底孔，阻力增加，丝锥就会空转或反转。

不论怎样，用钻床使用丝锥进行螺纹切削加工时，肯定不是机械进给，而是手动进给。

▲利用台式钻床来攻螺纹

▲攻螺纹的装置

有关丝锥的回忆

第 1 回

也就是最近的事情吧，某人委托我在大小为 1000mm × 50mm、厚度为 4mm 的铝板上，按照纵、横各 50mm 的间距钻孔，并加工几百个 M3 的螺纹。

用台式钻床没有办法加工到铝板的中心位置，而且要保持铝板的形状进行加工时，操作非常麻烦。因为没有摇臂钻，我就退而求其次，采用了立式铣床（滑枕式）。因为当时我还培养着几个年轻人（也就是培训生），所以我就想做一个这样的样本出来，让他们了解根据不同的情况也会有这样的加工件存在。

不管怎样，因为是在 4mm 厚的铝板上加工 M3 的底孔，所以只要两个人牢牢地支握住铝板的两端就没有问题。而按照 50mm 的间距加工就可以了。依次加工完底孔后，接下来就是攻螺纹。

偏巧这个攻螺纹操作没有攻螺纹装置，但是好在它没要求手动、质量，只要数量达到要求就行了。“那好，就这么办吧！”我考虑以后，采用了以下的方法。

我在钻头夹盘上装上了 M3 的丝锥，因为立式铣床是滑枕式的，主轴能上下轻轻地移动。而且，在铣床的升降台左侧面，安有主轴的反转手柄。只要两个人握住铝板，一人操控主轴降下来与丝锥接合，另一人站在升降台横侧控制反转手柄，整个准备工作就完成了。

“准备好了吗？”这时控制主轴的人问，“准备好啦”其他三位配合的人员大声地回着。想象着主轴降下，与丝锥接合……不一会控制主轴的人大声说：“到达！”，其后控制反转手柄的人员大声回应：“哦，收到！”

也许因为不是正式加工吧，所以有好几个培训生轮换干活，兴致都很高。用M3的丝锥在4mm厚的铝板上钻孔，再加工出全螺纹部分，只用了一点点时间。“准备好了吗！”“准备好啦！”“开始！”“哦，收到！”……整个加工现在就只回荡着这4个句子。

第2回

这是以前的事情了，那时我还是个干活领工资的工薪阶层。当时加工的是一种简单的螺母，不过不是标准件，螺母的形状有点特殊。我已经忘记了加工的个数是多少，可能就是只有几百件吧。那时候是对螺母的形状进行精加工，也就是最后的内螺纹切削这道工序。我加工操作时是在三爪自定心卡盘上安装简易的未淬火的卡爪，来卡紧螺母外缘，此来攻M3的螺纹。

幸好车床有点松动，尾座的主轴适当有些松动——也就是说它的速度很慢。一般是固定好尾座，卸下主轴的手柄阀门和螺钉，在这个主轴上插入装有M3丝锥的钻头夹盘。

然后将工件安装在夹盘上，正转着卡紧钻头夹盘，将丝锥咬紧底孔。丝锥咬紧以后，就是攻螺纹，所以要将主轴原封不动地拔出。

丝锥继续向里进给，完成螺纹切削后，再反转丝锥，在这一瞬间电动机轰鸣着，就完成了内螺纹的加工。

在加工过程中，操作者右手控制钻头夹盘，左手操作反转开关，完成攻螺纹后，取下成品，再安装下一个工件。当然，也不能说这是正确的做法，但是因为机械有一定的松动，可以反转，零件的加工精度要求又不太高，要赚钱就可用这个方法，既能漂漂亮亮地做好工作，又能锻炼技能。

这是我四处学习时，在某城市工厂学到的经验。

第3回

这个也是很早以前的事情了。在所谓大工厂里，那时候那里的职员大都是大摇大摆、目空一切。有一次，我在快到午休时接到一项任务，要求很快完成，那是加工一种现在比较少见的规格为惠氏螺纹1/2或5/8的零件。可以说虽然是螺母，但是形状又稍微有点变化，当时这项任务是加工100个这种零件。

因为我不喜欢把工作拖延到第二天，我想了想估计加班2个小时就能完成这项工作，所以也就接受了。午休的时候，我拜托了管理牛头刨床的组长，请他制作了能将丝锥安装在刀架上的V形凹槽垫板——V形模板，同时也指定了V形凹槽的高度。

这个工艺是精加工外径，两侧保留精加工余量插入凹槽，接着对一面进行精加工，钻头通过底孔落下。然后定下厚度后，再对另一面进行精加工。这每一道工序都要做100个工件，当然就要使用简易的未淬火卡爪及用于固定尺寸的限位块等辅助用品。而且，每道工序都不能旋转刀架，不旋转刀架时尺寸就只能利用刻度来掌握了。

最后是粗加工螺纹。所谓粗加工，就是稍稍带点斜角，一旦切入量达到0.4mm左右，则不再进给1个螺距，将刀具退开，只是把孔口稍微扩大一点。这个动作做两次，接下来就是使用丝锥。

如果先将丝锥安装在刀架上的V形凹槽上，再按下丝锥尾部的中心孔的压痕中心，与丝锥对刀不需要花费多少工夫。

对好刀后，再操作往复工作台的阀门，使丝锥进给，使之与低速旋转在加工件的孔位咬合，在孔口位置稍稍加工一下螺纹，也就是丝锥进行类似螺钉的磨合咬合，因为刀具加工不到 1 牙就退开了，所以丝锥的精加工余量非常充分。

在整个加工过程中，我可以听见“嗡——”的一声，感觉到往复工作台在移动。当时我使用的是 5 尺的米制机械，米制车床的往复工作台并不太长，如果有适当的松动，电动机只要 3 马力（1HP=0.75kW）的就可以满足工作要求。

刚开始加工的时候，因为担心质量，先试制了 5～6 个，用螺纹量规检查后全都合格。所以加工剩下的零件时，我就是每加工 20 件再检查 1 件了。

因为担心丝锥的使用寿命，我准备了 2 套丝锥。加工了一半的零件后，就更换了 1 套丝锥。所谓 2 套丝锥，也就是开始使用头攻丝锥，然后再使用二攻丝锥，虽然名称不同，其实也没有什么差别。

在处理丝锥的切屑时，我把气动工具绑在刀架上，当左手操作开关反转，将丝锥从孔中拔出时，右手敲击气动工具的手柄，就能吹掉切屑了。

右手在丝锥上抹上切削液，左手操作开关手柄，利用阀门操作往复工作台，与丝锥咬合，等丝锥切入到全螺纹部分时，再用左手操作开关反转，右手敲击气动工具的手柄，吹掉切屑，同时左手按下开关……如此反复进行。2 个小时不到，我就加工出了 100 个零件，真是神速啊！

第 4 回

这个小故事与上一个有点相似。也是在往复工作台上安上丝锥，用开合螺母来进刀。记忆中好像是加工 W1（惠氏螺纹，4 牙），材质是铝合金的，也依然是采用计件领工资的方式。为了能多赚点钱，我必须采用一些不常用的方式来提高效率。

要提高效率也就只有在最后的螺纹加工时想办法了。丝锥的安装还是与第 3 回中所提到的方式相同，但是稍微做得精细点。主要是丝锥尾部的方形起作用。如果是加工英制螺纹，就要多花费点力气了。

这次机械没有松动，确实是非常好的设备。将待加工零件安装在未淬火卡爪的三爪自定心卡盘上，利用油泵反复添加切削液，落下开合螺母的控制杆，能感觉到往复工作台被推出，但实际上往复工作台是被压紧。

当时使用的丝锥是头攻丝锥，刚开始我还很紧张。其他工厂的做法是怎样的我不知道，但在我们工厂还是谁也没有用过这个方法。正因为这样，准备报价及螺纹切削用的车刀花了我不少时间。

用车刀切削 W1 的内螺纹所需要的时间，无法与丝锥加工一次的时间相比较。因为紧张，在试做了 5～6 个后，用量规检查全部都合格了，确认了这一点后，我真的是非常高兴。

那次的工作我赚到了比以往都多的收益，虽说因为货币价值与现在不同，而无法比较，但是当时我的收益可是平时一个月的 4～5 倍。想出新的工艺并试制，取得巨大的成功并在薪酬上体现出来，新技术的优点就这样反映出来了。

直到今天我依然能够体会到，当时卸下第 1 个开合螺母时，那种不安以及与期待交织的紧张心情，还有那“咕——”的一声丝锥切入时的喜悦！

特殊的螺纹加工方法

板牙头螺纹梳刀

在板牙嵌入切削刃，完成螺纹切削后，只要保持打开嵌入的切削刃的状态，拔下板牙，无需反转花费时间。我们将这种工具称之为“板牙头”，而这个镶齿则称为“梳刀”，两件合在一起则称之为“板牙头螺纹梳刀”。板牙头螺纹梳刀一般都使用在车床、转塔车床、自动车床等机床上。

梳刀一般有三种形式。

径向螺纹梳刀——在机械工厂，这种径向形的梳刀是最多的。在街头、建筑现场、从事水管及煤气管道配管工程的人员都经常使用这类形状的梳刀。

切向螺纹梳刀——它指的是将切向车刀（见第 100 页）当作板牙来使用时，在板牙头上安装 4 个切削刃的一种形式。相对于被切削材料，切削刃呈切线方向。在管材工厂，对各种管材进行螺纹切削时，大部分用的都是这种形状的梳刀。有时候要在加工中旋转 10m 长的管材，所以有一种方式就是只旋转板牙头一侧。

圆形螺纹梳刀——它是将圆形车刀（见第 100 页）的多个牙型部分当作梳刀用的一种方式。但是这种形式的梳刀用得很少。

将梳刀的切削部分切入时，板牙头螺纹梳刀在梳刀全螺纹部分的自动前进作用下前进，当达到一定的位置时，板牙头内部的止动金属脱落，利用这个弹力，梳刀就会打开。

在机械工厂使用得比较多的径向螺纹梳刀，可以通过操作手柄，将粗加工和精加工分开。也可以通过紧固度的调节，切削有效直径大（粗螺钉）或小（细螺钉）的螺钉。

梳刀一般是 4 个一组。这 4 个一组的梳刀都必定规定了次序，编上了号码。它就如同丝锥或板牙的切削刃那样，将 1 个螺距 4 等分，来进行螺纹切削。因此每一片切削刃是各错开 1/4 的位置，如果这 4 个切削刃的次序弄错了那就非常糟糕了。

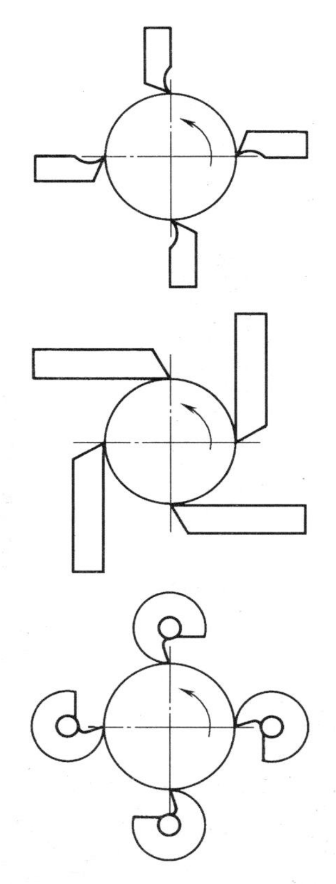

▲各式各样的梳刀＝上图：径向螺纹梳刀，切削刃和被切削材料的接触方式近似于车刀或板牙。

中图：切向螺纹梳刀，因为梳刀可以多次研磨修正，所以只有管材工厂那样的专业工厂经常使用它。

下图：圆形螺纹梳刀，基本上很少使用。

▲管材工厂加工管材螺纹时使用的切向梳刀

● 梳刀加工中的问题

使用板牙头螺纹梳刀加工螺纹时，会有各种问题存在。

① 机床中有松动或滑枕的操作太重时，加工精度会恶化。

② 针对被切削材料的材料，如果要用斜角梳刀就需要经费。

③ 加工螺纹前，如果外径大，切削阻力就会变大，精加工面也会恶化。为了尽可能不切削到螺纹凹槽的底部，就要改小外径。

④ 有时因为切屑堵塞，梳刀无法打开。

▲切向梳刀与切削刃的接触方式

▲径向螺纹梳刀与切削刃的接触方式

旋转螺纹加工法

这种加工方法叫做剥皮（英语）或旋转法（德语）。拆下车床的刀架，装上一个特别的装置，使用的刀具也是车刀，但是加工方式是相当于铣床的顺铣（向下切削）方式。

加工原理如右图所示。安装了 1～4 片车刀的刀架，相对于安装在车床主轴上的被切削材料是偏心的，车刀与低速旋转的被切削材料向同一方向旋转，在其外侧高速旋转（向下），利用丝杠进给往复工作台，切削加工螺纹。其实这种加工方式也就是车刀围绕被切削材料高速旋转。

根据被切削材料的材质不同，被切削材料和刀架的转速比也各不同。

车刀与螺纹牙的形状相同，也就是样板刀。而且，只有螺钉的导角部分倾斜。因此，车刀的后角两侧都是相同的。进行切削时，利用的是车床的横向进给阀门。一开始就根据螺纹牙的高度（凹槽的深度）确定切削量。即使在中途旋转主轴，也可以切削。

车刀朝下切削，被切削材料也向同一个方向旋转，每次大约只切削旋转部分的 1/4，到达中心线时就已经切削到凹槽部分了，此时车刀将从被切削材料上移出。这个过程只要参考铣床的顺铣方式，就能够理解。

因为车刀是用整个切削刃切削，所以切屑的形状也与螺纹牙的形状相同。而且，因为是断续式切削，传递切削热量的时间很短，车刀温度基本上不会上升。

右侧这一页上中间的那张照片是切削 S45C、φ160、m8（凹槽深度为 17.26）×200 蜗杆时的情况。主轴（被切削材料）为 0.6r/m，车刀为 290r/m（155m/min），用 12min 30s 完成了加工。

在螺纹加工时出现了问题，车刀即使依然进行顺铣操作，只要将主轴停止旋转就行了。螺纹加工的动作完成（即便是中途停止了工件加工），车刀就会退回到往复工作台。

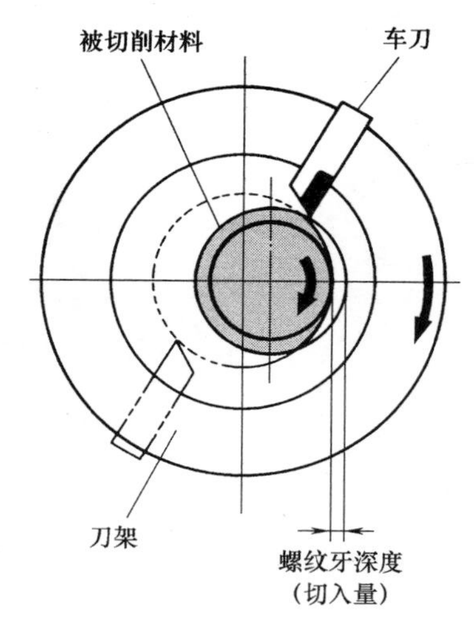

▲旋转螺纹加工的原理＝刀架相对于安装在旋转主轴上的被切削材料，是偏心状态。刀架和被切削材料都向同一个方向旋转，但是刀架的旋转速度要大一些，所以是对被切削材料进行顺铣（当然，由于是偏心的缘故，这个切削是断续式的）

▲用上图装置代替刀架安装在往复工作台上

▲装置倾斜，与导程角一致

▲车刀按上图方式加工被切削材料（顺序由左→右）

▲车刀是样板刀

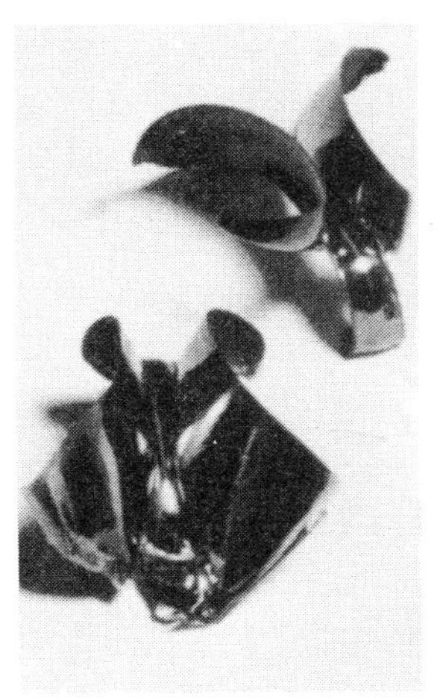

▲切屑形状如上图

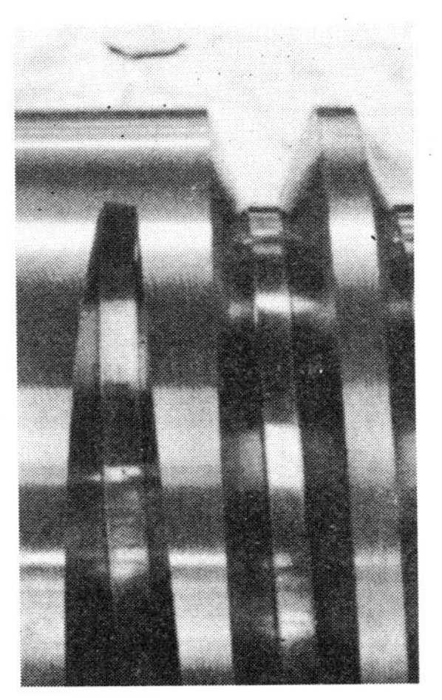

▲终止操作也很简单

螺纹自动切削机床

这种设备还没有被正式命名，只能说它是自动进行螺纹加工的机床，切削刀具使用的是板牙头螺纹梳刀（见第118页）和车刀。该设备使用板牙头螺纹梳刀，只不过是使切削以外的加工部分自动化罢了。

关键问题是车刀的螺纹加工自动化。

用车床进行螺纹加工时，车刀在一定的位置进行必要的切入；在一定的位置终止切削，返回到一定的位置，然后再按要求切入……如此这般，我们给这种仅通过几个必要的环节进行反复加工的设备起了个“螺纹自动切削机床”的名字。

利用车刀自动进行螺纹加工的机床种类繁多，现在我们所介绍的是不使用丝杠进行螺纹加工，只利用凸轮进行车刀的切入、进给、终止、返回等动作的机床。

凸轮在这里有2个，一个是用于刀架进给，另一个是用于车刀切入。

通过主轴箱内部的变速齿轮，使进给用的凸轮相对于主轴，按一定的比例旋转。那么，则必然决定了车刀的进给速度，即螺纹的螺距。这就是没有丝杠的螺纹加工机床。

用于车刀切入的凸轮，则是通过凸轮的一次旋转来进行螺纹加工的。在凸轮的外周位于凸起的部位时切入车刀，而位于凹入的部位时，则退出车刀。

凸出的部位随着每一次的切入，逐渐变高，即切入逐渐变深。这个比例与卧式车床相同，并非是固定的，而是切入的越深，每一次的切入量就越小。

这个凸轮每旋转一次，自动停止装置就会启动，中止旋转。

自动切丝机在中止螺纹加工时，对于带榫螺钉的螺纹加工是非常方便的。因为即使稍晚点中止切削，也不用担心车刀的切入，或碰到螺钉边缘。

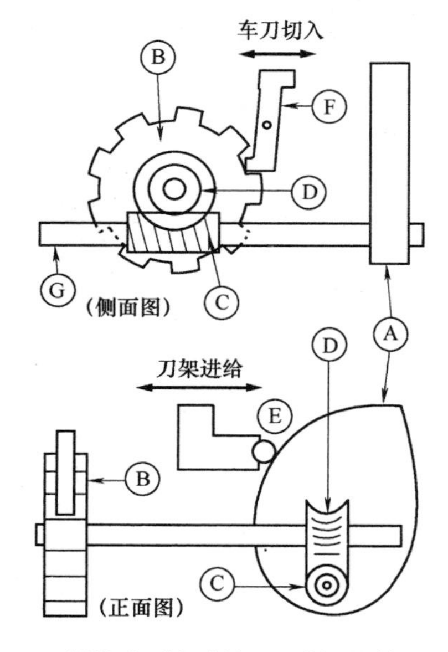

▲**螺纹自动切削机**＝平板凸轮A是用于使刀架进给的，平板凸轮B则是用于车刀切入。这2个凸轮通过蜗杆C和蜗轮D进行联动。这两个凸轮的关系是：当A旋转1圈时，B的凸起部和凹入部转动1组。凸轮A推动转子E使刀架进给，凸轮B推动轴F使车刀的切入。轴G与主轴联动

▲设备的内部结构。里侧的不规则形状的零件是用于刀架进给的凸轮，左端是用于车刀切入的凸轮

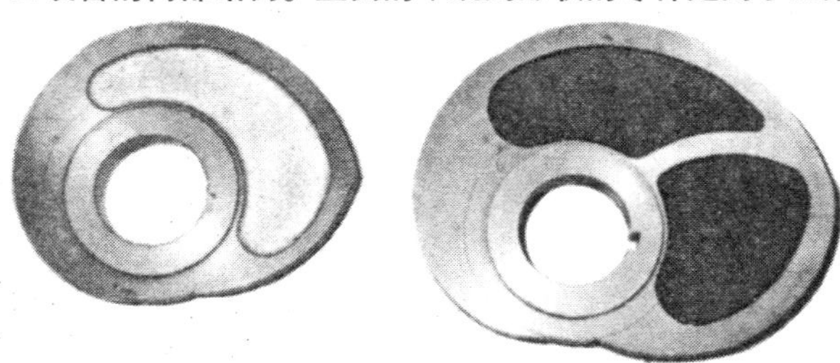

▲进给用凸轮。从凸轮下侧最小径开始，由左侧至右侧的顶点的曲线，是进给部分。根据螺钉的长度，来确定这个曲线的长度——凸轮的大小

▲交换（变速）齿轮

▲用于车刀切入的凸轮。这个凸轮凸起部分的个数，是中止 1 个螺钉的切削时切入的次数。根据螺钉的大小、材质的不同，切入的次数（凸起部的个数）也各有不同

▲带榫零件的螺纹加工

丝杠车床

用于加工丝杠的车床，称为“丝杠车床”。虽然说是加工丝杠，其实车床上也不需要安装特别的工具。只要拆去螺纹加工不必要的结构，将其简单化就行了。

但是，丝杠正如它的表面文字所表述的那样，是螺钉的雏形。丝杠的精度要求高，当然制造丝杠的车床也比普通的车床精度要高一些。

首先是车床的放置场所。它与坐标镗床、精密测量等设备要求相同，需要放置在恒温室。所谓恒温室，就是指一年四季保持恒定温度的房间。机械设备通常是设定在20℃，因为这样可以避免因温度的变化造成金属的膨胀、收缩。

丝杠车床与卧式车床最大的差异点是丝杠的位置。丝杠车床，当然也是有丝杠的。这个丝杠比一般的零件要粗很多，所以安放在工作台中央。卧式车床则一般是安装在工作台外侧，靠近操作者一方。

丝杠咬紧开合螺母进行往复工作台进给时，如果驱动力偏向往复工作台的一方，往复工作台会扭曲。而通过这种设计，如果在工作台的中央驱动，相对于工作台的定位面，不会出现使往复工作台扭曲的作用力。而且，为了保护丝杠，在丝杠上侧安装了外罩，所以右侧的设备照片上看不到丝杠。

丝杠一般都很长，所以加工时是全面环形合围，防止移动中产生跳动。为了修正由于丝杠部分的磨损（一般是不会发生问题的磨损量），而产生的非常细微的螺距误差、材质的不同或是斑点的延伸等问题，还有一种细微修正装置。这种设备是通过几个齿轮变速来进行加工的。

在车刀的安装方面，如车刀的角度可以利用光学仪器放大，保证安装正确。

虽然是这么说，丝杠车床的台数还是非常少，一般也只有机械厂家拥有这类设备。而且，世界上知名的丝杠车床生产厂家也非常少。

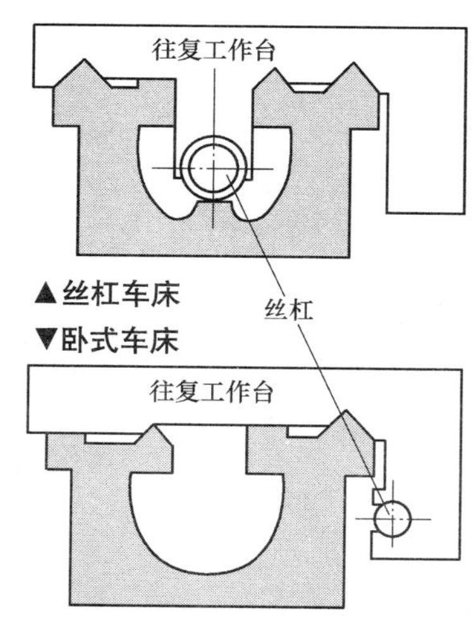

▲ 丝杠车床与卧式车床的差异＝最大的差异点是丝杠的位置。丝杠车床的丝杠在工作台的中央位置，直径也很粗大。这是为了避免起动时产生作用力而使往复工作台扭曲

▲丝杠车床的丝杠位于工作台中央的外壳下

▲全面环形包围，防止移动时产生跳动

▲细微螺距误差的修正装置

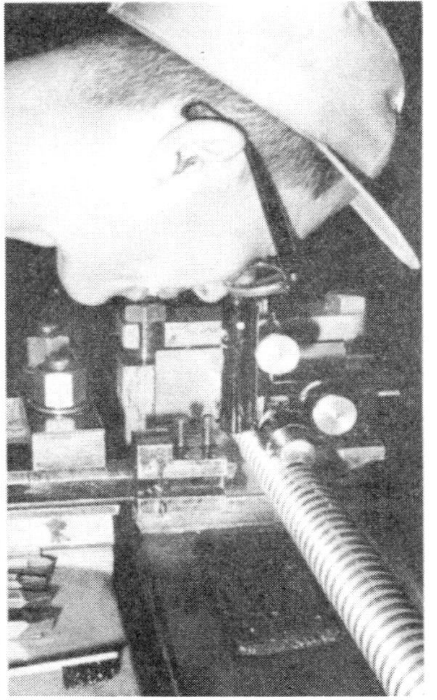

▲车刀的安装也正确

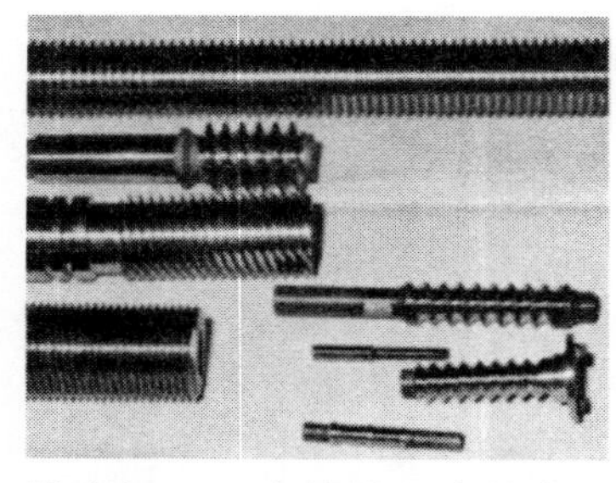

螺纹磨削

最近机械加工的正常做法是，零件由车床或铣床加工后，应再用磨床进行精加工。零件淬火以后，再进行精磨加工，这是最基本的常识。螺钉的加工也遵循着这个常规做法。特别是要求精密度的工作机械的丝杠、进给螺钉等，使用的都是利用精密螺纹磨床进行了磨削梯形螺纹的精加工。

在研磨时，砂轮是同时磨削梯形螺钉的两侧螺纹牙侧面和螺纹牙根三面。

与车床相同的是，磨床也是由变速齿轮确定被切削材料的旋转和进给的关系。

将砂轮制成螺纹牙的形状（正确的说是螺钉的沟槽）的是位于砂轮后侧的砂轮整形器。因为梯形螺钉是三面磨削，所以要用三个金刚石钻头。利用这个砂轮整形器的进给量，自动修正砂轮直径减少部分的切入量。

精确、大批量生产小螺钉时，通过自动螺纹磨床，进行螺纹磨削，将毛坯磨削形成螺纹牙。

因为是非常高速的切削，它的加工并非像车床那样，一点点切入、分几次进给加工。而是加工工件旋转一周时，螺纹牙就已经成形。

螺钉的螺距是由丝杠来决定的。因此，如果加工的螺钉螺距变化，丝杠也就要随之更换。

砂轮是利用砂轮后侧的砂轮整形器自动进行成形加工的。金刚石砂轮整形器是由扩大的凸轮，使砂轮形成螺纹牙的形状。当然切入、进给、加工工件的脱离等操作都是自动进行的。

但是，因为螺钉的螺距小，成形砂轮只能在螺钉上加工1个牙（一个沟槽）。所以，加工工件旋转2周半，螺钉加工才能完成。

上图的照片是磨削加工后的各种螺钉。

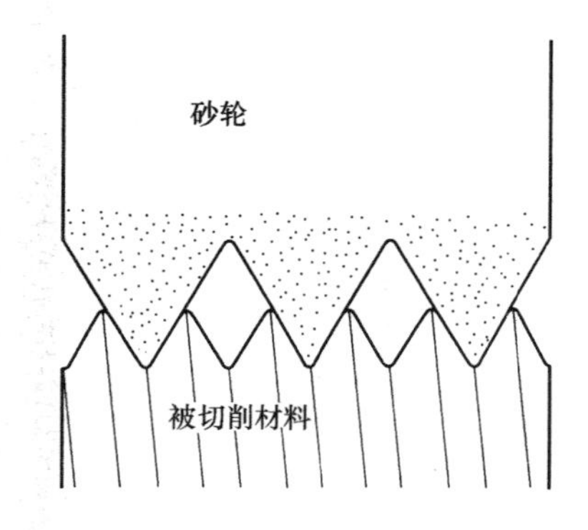

▲砂轮牙与螺纹牙＝加工小螺钉时，相对于螺纹牙，砂轮牙只能有1牙。所以加工工件旋转2周半，螺钉加工才完成

▲精加工丝杠、进给螺纹的精密螺纹磨床

▲大批量生产精密螺纹的自动螺纹磨床

▲丝杠在磨削中

▲使用与加工工件螺距一致的丝杠

▲用金刚石砂轮整形器修整砂轮

▲砂轮牙放置在一个螺纹沟槽上

螺纹铣床

左图是加工螺纹用的铣床，它是用螺纹牙形状的刀具代替车床的车刀，通过刀具的旋转，切入、进给，进行螺纹加工。既然是铣床，它所使用的刀具当然就是铣刀了，其机械原理与车床类似。

但是车床的车刀都安装在靠近操作者一边，而铣床的铣刀则安装在操作者对面。

能使铣床发挥其威力的，是螺纹牙大的螺纹，也就是切削加工沟槽大的螺纹时，比如梯形螺纹、三角形螺纹等，铣床很能体现其优越性。加工长螺钉时，则会有各种问题，所以加工长螺纹时，还是使用旋转切削（见第 120 页）更方便些。

结论上说，最适合铣床的加工条件的，是蜗杆（见第 96 页）。因为蜗杆的螺纹部分不太长，而凹槽也比一般的梯形螺纹深。事实上，所谓螺纹切削铣床，大部分是用于蜗杆的切削。

设备的结构原理一般没有什么特别说明。被切削材与刀轴的进给关系，则是旋转的主轴＝被切削材和刀架相同。其后根据进给的速度，利用刀具切削螺纹凹槽。

铣刀（刀具）有 1 牙铣刀，也有多牙铣刀，它们分别用于加工各种外螺纹、内螺纹。

逆铣、顺铣的问题是切削条件，对铣床而言都是相同的。根据螺纹升角（蜗杆的导程角）来倾斜铣刀，与铣床的螺旋凹槽切削是一样的。

导程大时，就像大导程的螺纹切削（见第 92 页）那样，只是车刀与铣刀的不同，其他的问题都相同。

本页的照片是用 1 个牙的铣刀加工蜗杆时的情形。

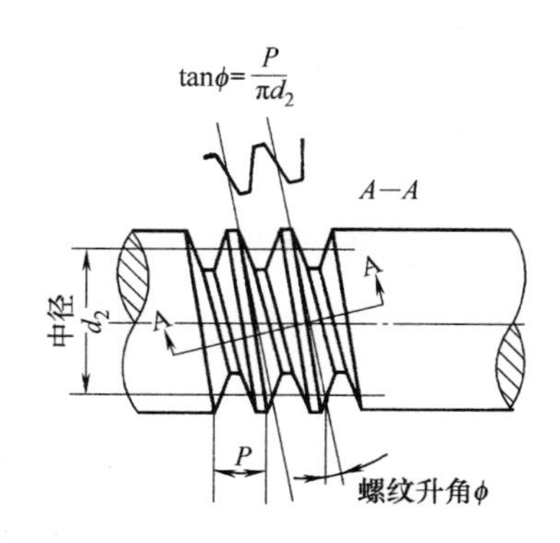

▲铣刀的倾斜方式＝用 1 牙铣刀切削螺纹时，相对于被切削材的中心线，利用铣刀的安装轴，倾斜螺纹升角，进行加工。此时铣刀的刀尖形状，如 *A*–*A* 断面所示

▲用加工螺纹的铣床加工蜗杆

▲从主轴侧可以看到蜗杆加工

▲铣刀只倾斜一个螺纹升角（导程角）

螺纹的滚压加工法

以前，螺纹的加工都是切削加工，此外有称为“滚压”的加工方法。正确的解释是“滚压螺纹”而不是“切削螺纹”。不过，现在大量生产的螺纹全是用滚压。从数量来看，通过滚压制造的螺纹占多数。

滚压制造是塑性变形。在加工原材料加上一个超过了弹性界限的力，将它强压成形，永久变形的一种方法。这种变形因为是边滚动边制造所以使用“滚压”这个词汇。

那么这种滚压加工是怎样进行的呢!

滚压的工具是板牙，有圆板牙和平板牙但不是第102页和104页的加工板牙。为了加工螺纹部分，让材料强制变形，刻成螺纹牙的形状。

使用圆板牙进行滚压，首先是把材料放在规定的位置上，一块板牙靠近滚压螺钉，滚压后这块板牙后退，取出成品。原材料可由工人放上去或是由自动装置供给，可以连续加工螺纹。

还有，圆形板牙的制造方式，像这样的两个滚子（圆形板牙）除了形状相同，速度相同之外，滚子周数会有差异（根据转数或直径之差），根据滚子周数的不同，把材料送进滚子之间，通过时滚子偏心，送出材料使其脱离等。

还有一种用平板牙进行滚压，以一定的间隔使一块板牙往返运动，把材料送入其中，使其在通过期间变形。因为这种方法受板牙长短的限制，所以被加工材料的直径也受到限制。因此，不能加工大尺寸的零件。

同样，装在车床上也可以进行滚压。如上面的照片。在三个滚子当中滚压时，需将滚子打开后才能取出零件。

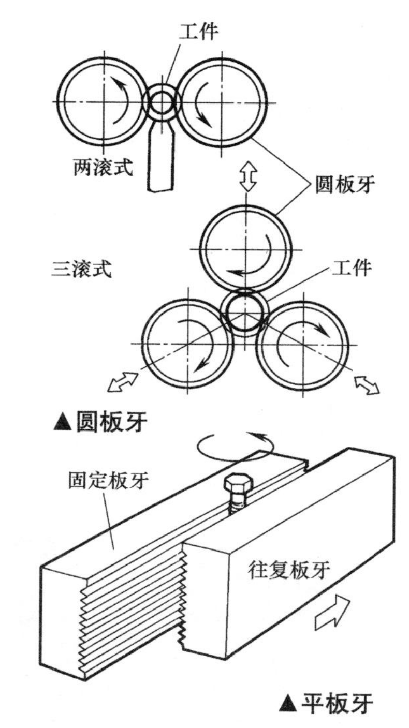

▲滚压原理＝圆板牙时，2个滚子不行，3个滚子（圆板牙）边转动边压住加工物，形成螺纹部分。平板牙时，往返板牙从固定板牙的左端开向右端移动，移动过程中使其成形。当然板牙的牙应该与完成螺纹的沟部对应

▶圆板牙滚压盘

▶圆板牙

▶用圆板牙滚压

▶螺纹成形过程

▶平板牙滚压盘

▶平板牙

▶用平板牙滚压

▶螺纹成形过程

组合车刀

有的零件内部，外侧有螺纹时，特别是内外径相差不大时，而且有时数量相当多的时候，组合车刀这种方法对提高效率很好。

下图是某零件的实例。外侧的外螺纹是M30，内侧的内螺纹是M20，螺距全部为1mm，而且两边螺纹都有3mm空刀槽。这种情况下很适合使用组合车刀。

组合车刀，如图所示用2把（以上）车刀——在这儿组合安装螺纹加工车刀，1次操作可以完成2处（以上）的加工。

这时，加工外径——在这里外螺纹加工车刀是正位安装，加工内径——此处的内螺纹加工车刀是上下方向相对应的，在孔的另一侧组合加工螺纹。这样，车刀进给，因为加工是同一方向，用一个手柄同时完成。

因此，使用组合车刀加工螺纹，外螺纹、内螺纹（或是外螺纹的2处，内螺纹的2处）必须是同一螺距。而且，一次性加工2处螺纹，这种情况下内、外螺纹螺距不同时，为了加工效率，可以按同一螺距变更设计（要求）。当然，如果设计者了解现场加工，就可以在最开始加工时就这样做。

算出两个车刀之间x、y的各数值，如果测量不准确就没意义。这期间，实际是试着加工，试着测量……如此反反复复。

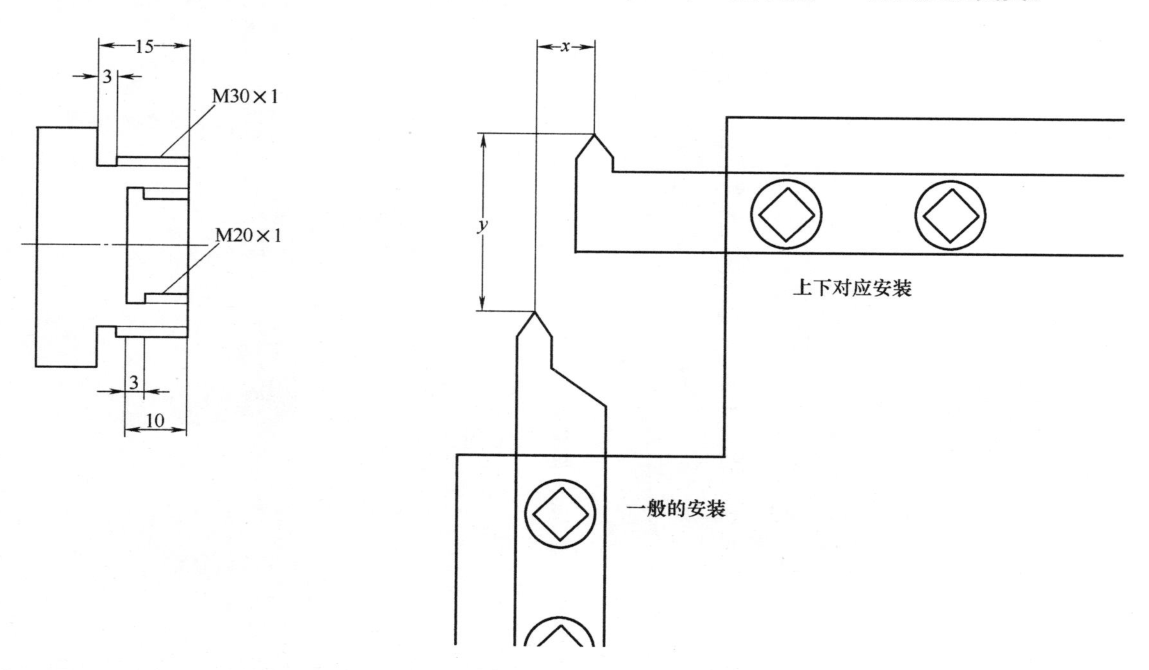

螺纹的测量

螺纹千分尺

测量螺纹的外径，一般使用指示表的外侧千分尺，但是测量螺纹的中径时，使用螺纹千分尺。

螺纹千分尺，其外侧千分尺测量轴的测头使用圆锥测头，测砧的测头使用V形槽测头。

根据螺纹的螺距，应使用圆锥测头和V形槽测头，根据螺距可以互换这些测头，测砧有可换式的和固定式的。

测头是60° 的V形槽呈圆锥形，与螺纹的牙型轻轻接触。因此，螺纹牙的角度有倾斜度，当然会出现测量误差。

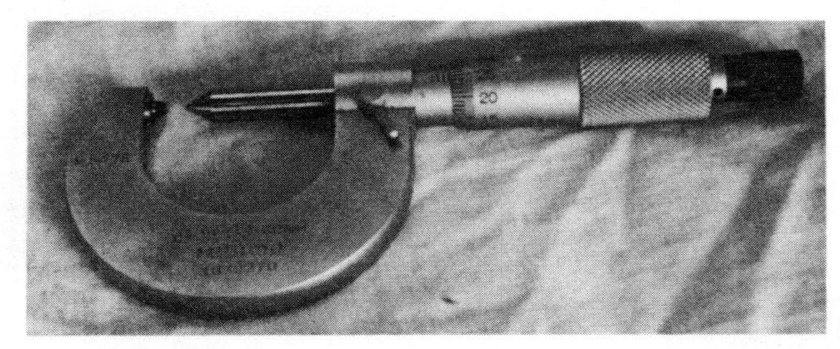

▲这是固定式的螺纹千分尺，用它可以限定测量螺距的螺纹

螺纹千分尺夹住测头间的被测量物时，就可以直接读出中径，所以作为使用方法，与外径千分尺一样容易，但对比三针测量法，容易产生测量误差。特别是螺纹直径较小时，有时测量误差比螺纹中径的允许误差大。一般，公称值8mm以下的螺纹最好用三针测量法。

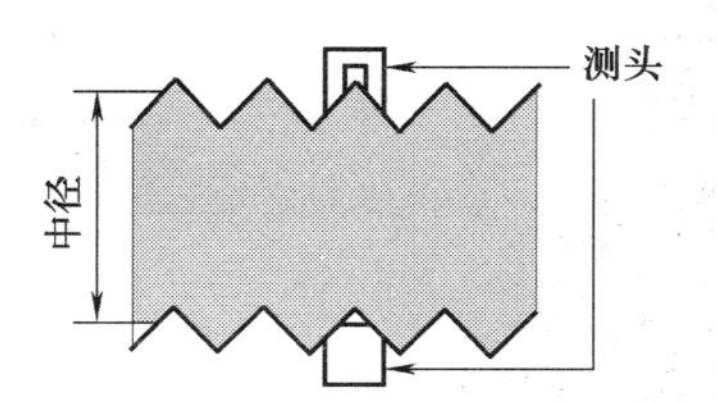

▼这是螺纹千分尺的测头为呈圆锥和V形槽，把螺纹夹在这个中间

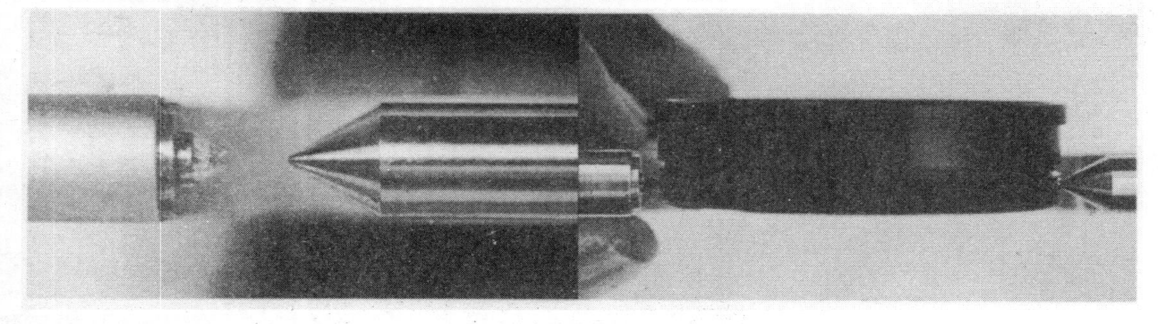

▼使用方法与外径千分尺一样，能测量螺纹直径的最大部位，被测量的物体不能动

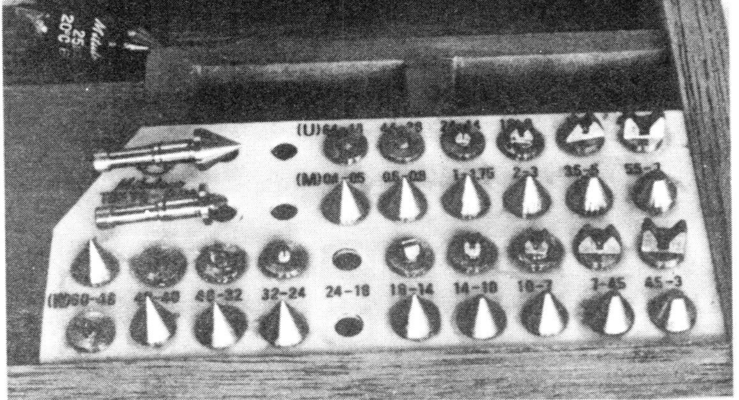

▶这是可更换测砧式千分尺所使用的不同的测砧（测头），V形槽测头与圆锥为一对，配合被测量物的螺距，使用相匹配的测头

三针测量法

▲ 螺纹槽的一边放入一根测针，其他相邻的两个槽各放入一根测针，用千分尺测量螺纹的宽度。这时，测针固定在螺纹切线方向。而且，在稳定的状态下测量螺纹。

测量外螺纹的中径多使用三针测量法。测量人员的技能鉴定考试内容也包含如何使用这种三针法。

三针法是采用已知直径的三个针状的滚子，使用千分尺、测长仪器等，测量外螺纹的中径。这时所使用的三根针的直径必须相等。而且被测量的螺纹必须是已经加工好的。

另外，可以根据待测量螺纹的螺距，选择更适当的针径。

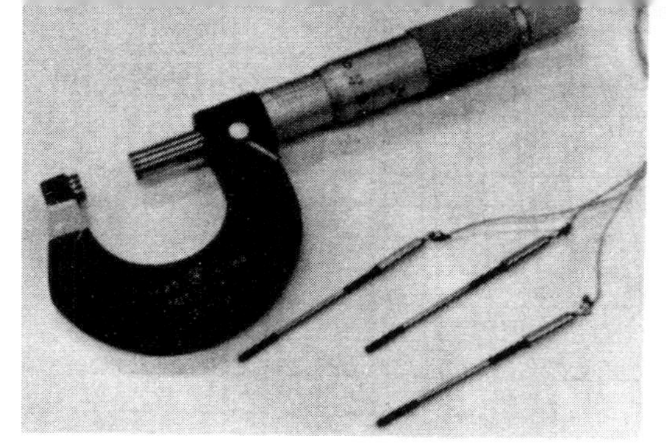

▲ 三针测量用的三根针和千分尺

例如：$P\,0.5$ 的针径是 0.288mm，$P\,0.7$ 的针径是 0.404mm，$P\,1.0$ 针径是 0.577mm，如果不按照螺距选择针径，误差就会变大。

如照片所示，千分尺的刻度能读取，但所显示的刻度，不是中径。因为针没有进入螺纹的牙底，读出千分尺的刻度后，再计算得出。

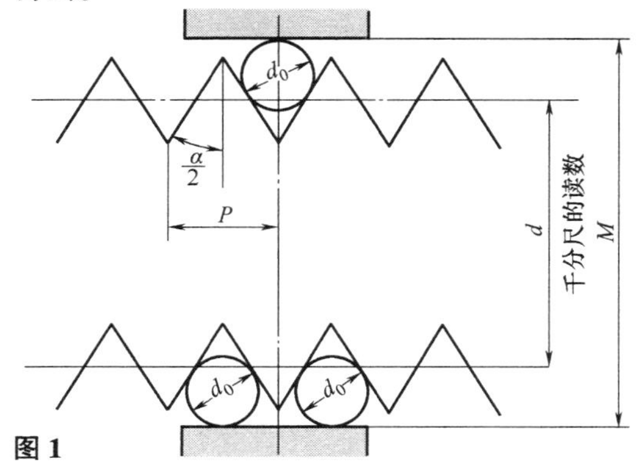

图 1

其计算公式如下（见图 1）

$$d=M-\left[1+\frac{1}{\sin\frac{\alpha}{2}}\right]d_0+\frac{P}{2}\cot\frac{\alpha}{2}\cdots\cdots\cdots\cdots\quad(1)$$

d——中径（mm）；

M——千分尺读出的数值（mm）；

α——螺纹牙的角度（°）；

P——螺距（mm）；

d_0——针的直径（mm）。

将数值代入这个公式，就得出中径了。

但在实际运用时，测量针因有螺纹牙的螺纹升角误差 C_1，测量针和螺纹牙，测量面之间的弹性变形等误差 C_2。这时可以用以下补充公式求得

$$d=M-\left[1+\frac{1}{\sin\frac{\alpha}{2}}\right]d_0+\frac{1}{2}P\cot\frac{\alpha}{2}+C_1+C_2\cdots\quad(2)$$

普通螺纹、统一螺纹按 JIS 规定，$\alpha=60°$ 时将数值带入就能用 $d=M+0.86602P-3d_0$ 的公式算出。

此时必须使用 JIS 标准中使用的针径。

这种用三针法测量螺纹中径的方法，是以牙型角、螺距正确为前提的。螺纹牙型不均一，如有圆角等，就不能正确测出中径。

▲测量时，先把螺纹工件和三针固定在测量台上。采用大的指示表头，所以看数值也方便

螺纹量规

用测量圆柱体的孔，轴配合的相同方法来测量螺纹。这时所使用的螺纹量规有两种：标准螺纹量规和极限螺纹量规。

● **标准螺纹量规**

标准螺纹量规，是按照基本牙型制造的螺纹塞规（测量内螺纹用的）和螺纹环规（测量外螺纹用的），制造时就是一组相互配合的。标准螺纹量规和限度螺纹量规一样，不分检查用或工作用的，没有等级区别。

现在，加工 M16*P*1.5 的螺纹时，可用螺纹环规试试，看是否完全吻合，检查这个螺纹是否真的是按照 M16*P*1.5 加工的，必须养成用这种方法进行测量的习惯。

标准螺纹量规 JIS 里没有，基本上以 JIS 限定量规 2 级用为标准制成。不仅如此，与 2 级螺纹和 3 级螺纹一样，设定外螺纹和内螺纹的公差（间隙），所以这不是精确的检查，应使用极限量规。

● **极限量规**

极限量规用于中径检查，由过端和止端组成。过端是可通过，止端是不能通过的。这种螺纹是为了测量量规内的螺纹。极限量规分工作用与检查用两种。如下图所示：

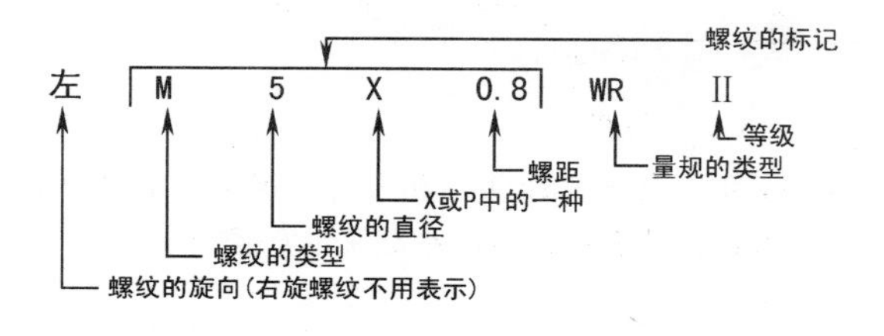

▲**标准量规·用于外螺纹（左）和用于内螺纹（右）**

各式各样的极限量规

▲**左侧是调节外螺纹的螺纹环规，右侧是调节内螺纹的螺纹塞规。都是公称值为 36mm 螺距 4mm 的 2 级螺纹用的量规。上图是加工、检查时共同用的通端，中间和下面的外周处画上线，（实物是红色），表示不通端方。塞规没有画线，用 GP（通端），WP、IP（止端）等表示**

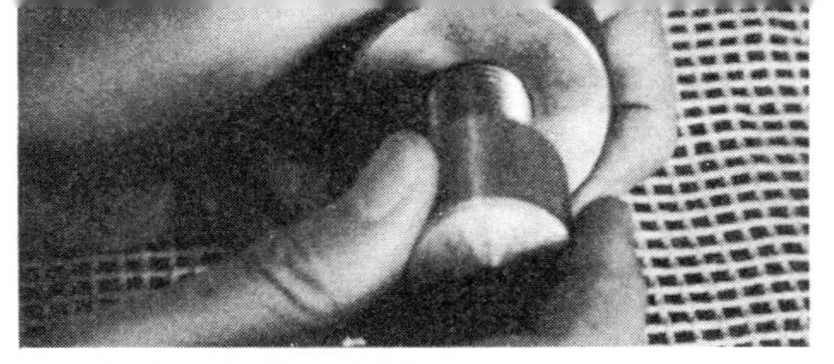

▲ 用标准螺纹量规的测量

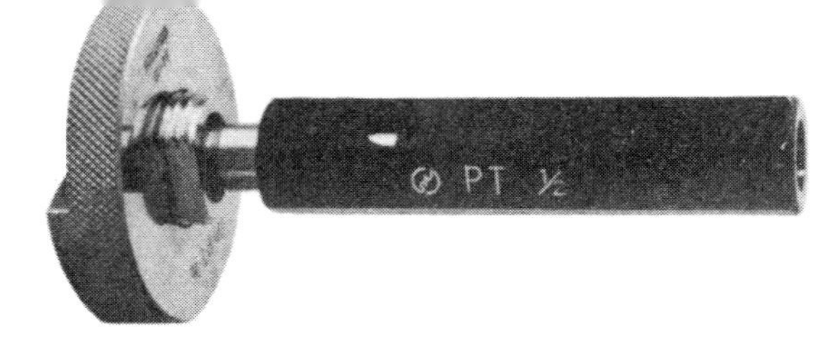

▲用标准管螺纹量规

▲两头式的塞规（称为内径用塞规）。止端同环规一样，画有红线

▲ 和内螺纹两头式一样，外螺纹由“通端”和“止端”合为一体。这是卡规。在两个外螺纹间，夹着被测量的外螺纹进行测量。图片为用通端进行测量

▲ 环规使用数次很多，螺纹磨损时，可用通过修正进行调整

▲这个有点不同，但是是环规的一种。在一些批量生产时使用，左侧为检查与工作通用的环规，右侧是电镀用的电镀螺纹量规

各种测量仪器

螺纹测量用得最多的是第134～138页介绍的螺纹千分尺、三针法、螺纹量规，除此之外还有很多的方法。下面举几个例子。

放大投影检查仪

通过透镜将大螺纹的牙型放大，投在投影屏幕上。在投影屏幕上，根据设置的标准形式浓淡适当的图像，能表示出许多螺纹形状和角度线等。这种角度线与被测量螺纹相吻合，就可测量螺纹的误差，或测量牙型角，还可以测量螺纹的螺距及中径等。

放大镜

在放大螺纹车刀的刀尖角度和螺距等情况下使用很方便。放大镜带有各种角度和长度的直尺，这是用于测量刀尖角度等被测量物的。

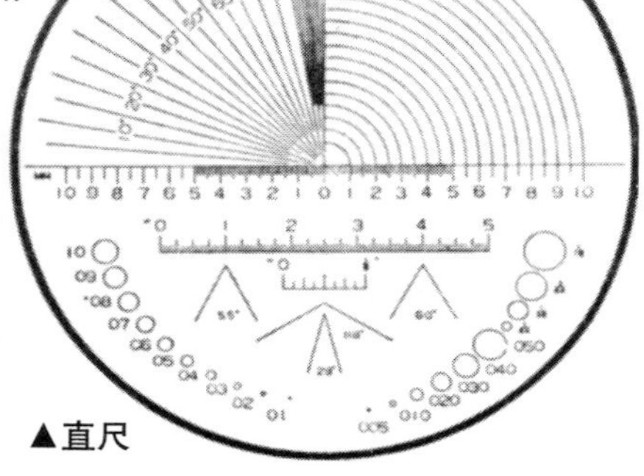

▲直尺

标准螺纹量规

检查标准螺纹和加工完了的螺纹的误差。描绘出按标准螺纹规定牙数的长度加工后螺纹，测量出误差是多少。

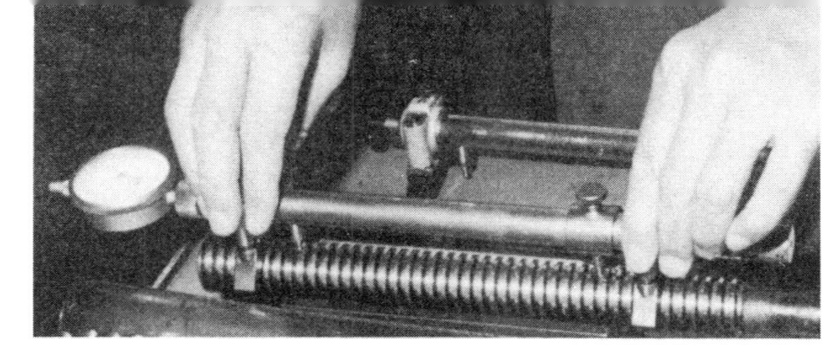

螺纹高度测量仪表

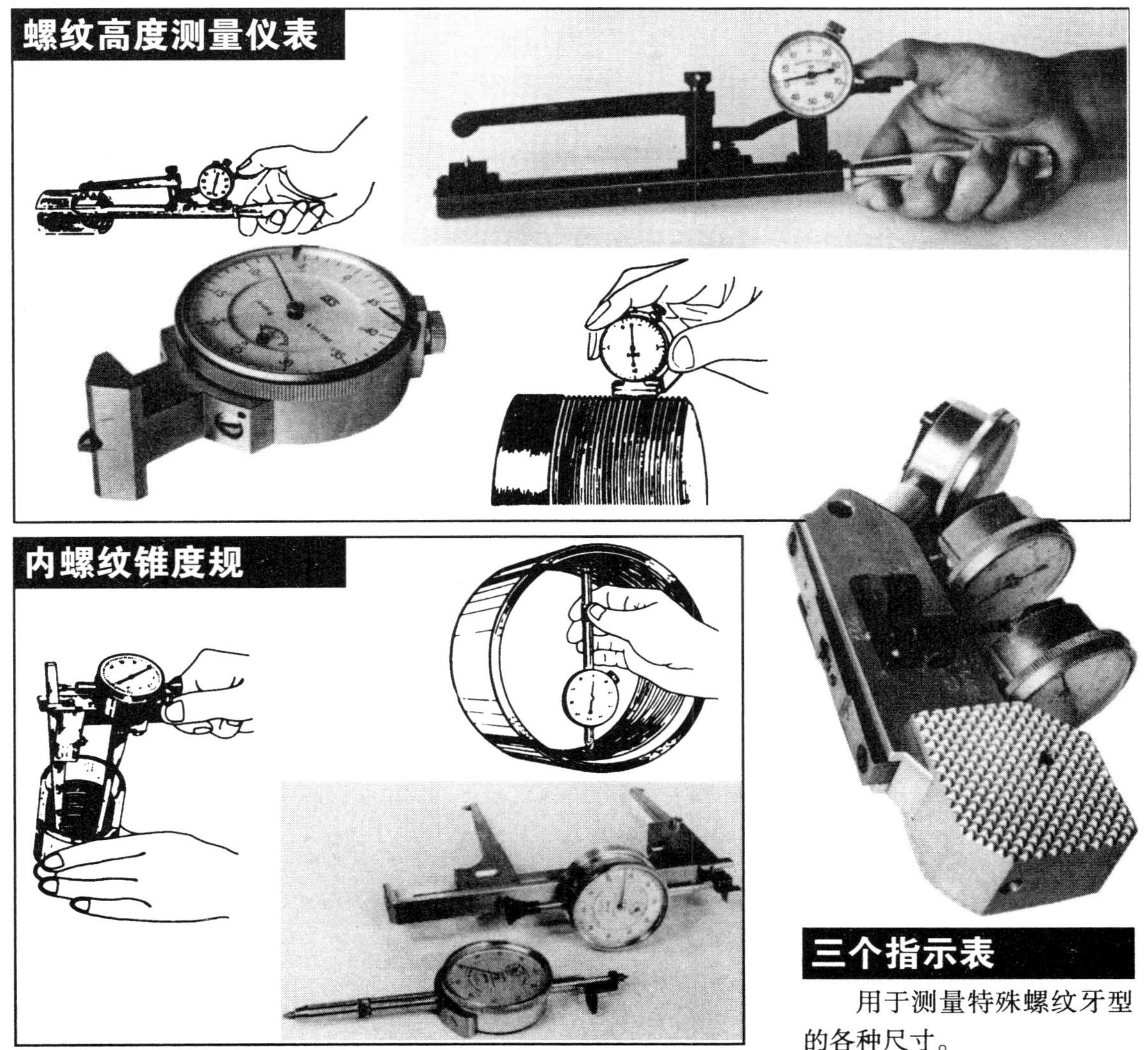

内螺纹锥度规

三个指示表

用于测量特殊螺纹牙型的各种尺寸。

典型螺纹的各种加工方法

加工方法	使用工具	用途		工具进给要素			使用的工作机床						
		外螺纹	内螺纹	丝杠	导程凸轮	工具的自动进给操作	车床	螺纹切削机床	螺纹自动切削机床	螺纹铣床	钻床	旋转螺纹切削机床	手工操作
车刀	一牙车刀	○	○	○	○		○	○	△			○	
	多牙车刀	○	○	○	○		○	○	△			○	
	圆形车刀	○	○	○	○		○	○	△				
丝锥	手工丝锥		○			○	○		○		○		○
	机械丝锥		○			○	○		○		○		○
	弯柄螺母丝锥		○			○	○		○		○		
	伸缩丝锥		○			○	○		○		○		
板牙	固定板牙	○				○	○		○				○
	调整板牙	○				○	○		○				○
	开合板牙	○				○	○		○				○
	可调式板牙	○				○	○		○				○
螺纹梳刀	径向螺纹梳刀	○				○	○		○				
	切向螺纹梳刀	○				○	○		○				
	圆形螺纹梳刀	○				○	○		○				
螺纹铣刀	一牙螺纹铣刀	○	○	○	○					○			
	梳形螺纹铣刀	○	○	○	○					○			

△表示需要使用附属装置。

对边宽度的尺寸

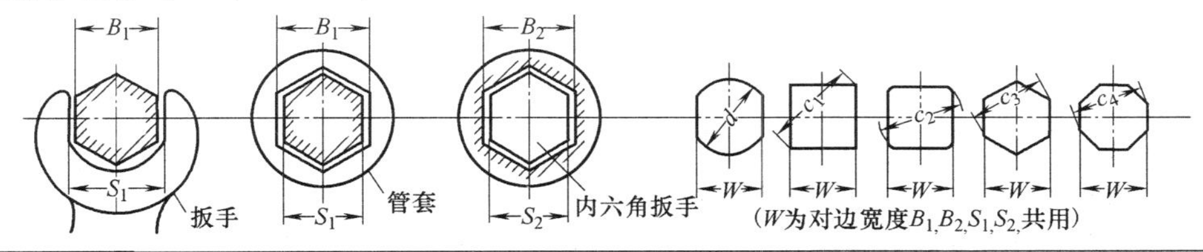

对边宽度的公称尺寸	基本尺寸	B_1，B_2 侧面			S_1，S_2 侧面		对角尺寸（参考）				
		B_1 的公差		B_2 的公差	S_1 的公差	S_2 的公差	d	c_1	c_2	c_3	c_4
		1类	2类								
1.5 2 2.5 3	1.5 2 2.5 3	—	—	+0.08 +0.02	—	0 −0.04	—	—	—	1.7 2.3 2.9 3.5	—
3.2 4 5 5.5	3.2 4 5 5.5	0 −0.2	0 −0.5	+0.1 +0.03	+0.2 +0.05	0 −0.05	3.8 4.5 6 7	4.5 5.7 7.1 7.8	4.2 5.3 6.5 7.1	3.7 4.6 5.8 6.4	—
7 8 10	7 8 10	0 −0.2	0 −0.6	+0.13 +0.04	+0.2 +0.05	0 −0.06	8 9 12	9.9 11.3 14.1	9 10 13	8.1 9.2 11.5	—
11 12 13 14 17	11 12 13 14 17	0 −0.25	0 −0.7	+0.23 +0.05	+0.3 +0.1	0 −0.07	12.6 14 15 16 19	15.6 17.0 18.4 19.8 24.0	14.5 16 17 18 22	12.7 13.9 15.0 16.2 19.6	—
19 22 24 27 30	19 22 24 27 30	0 −0.35	0 −0.8	+0.275 +0.065	+0.4 +0.15	0 −0.08	22 26.5 29 31 36	26.9 31.1 33.9 38.2 42.4	25 29 32 36 40	21.9 25.4 27.7 31.2 34.6	—
32 36 41 46 50	32 36 41 46 50	0 −0.4	0 −1	+0.33 +0.08	+0.6 +0.2	0	38 42 48 55 58	45.3 50.9 58.0 65.1 70.7	42 48 54 60 65	37.0 41.6 47.3 53.1 57.7	34.6 39.0 44.4 49.8 54.1
55 60 65 70 75 80	55 60 65 70 75 80	0 −0.45	0 −1.2	+0.4 +0.1	+0.8 +0.3	0 −0.12	66 70 75 82 88 95	77.8 84.9 91.5 99.0 106 113	71 80 85 92 98 105	63.5 69.3 75.0 80.8 86.5 92.4	59.6 65.0 70.3 75.7 81.2 86.6
85 90 95 100 105 110 115 120	85 90 95 100 105 110 115 120	0 −0.55	0 −1.4	—	+1.05 +0.4	—	98 105 110 115 122 128 135 140	120 127 134 141 148 156 163 170	112 118 125 132 138 145 152 160	98.1 104 110 115 121 127 133 139	92.0 97.4 103 108 114 119 124 130

注：B_1 的第1类，一般主要用于对边宽度精加工，第2类适合锻铸造件。

螺纹的基本牙型（1）

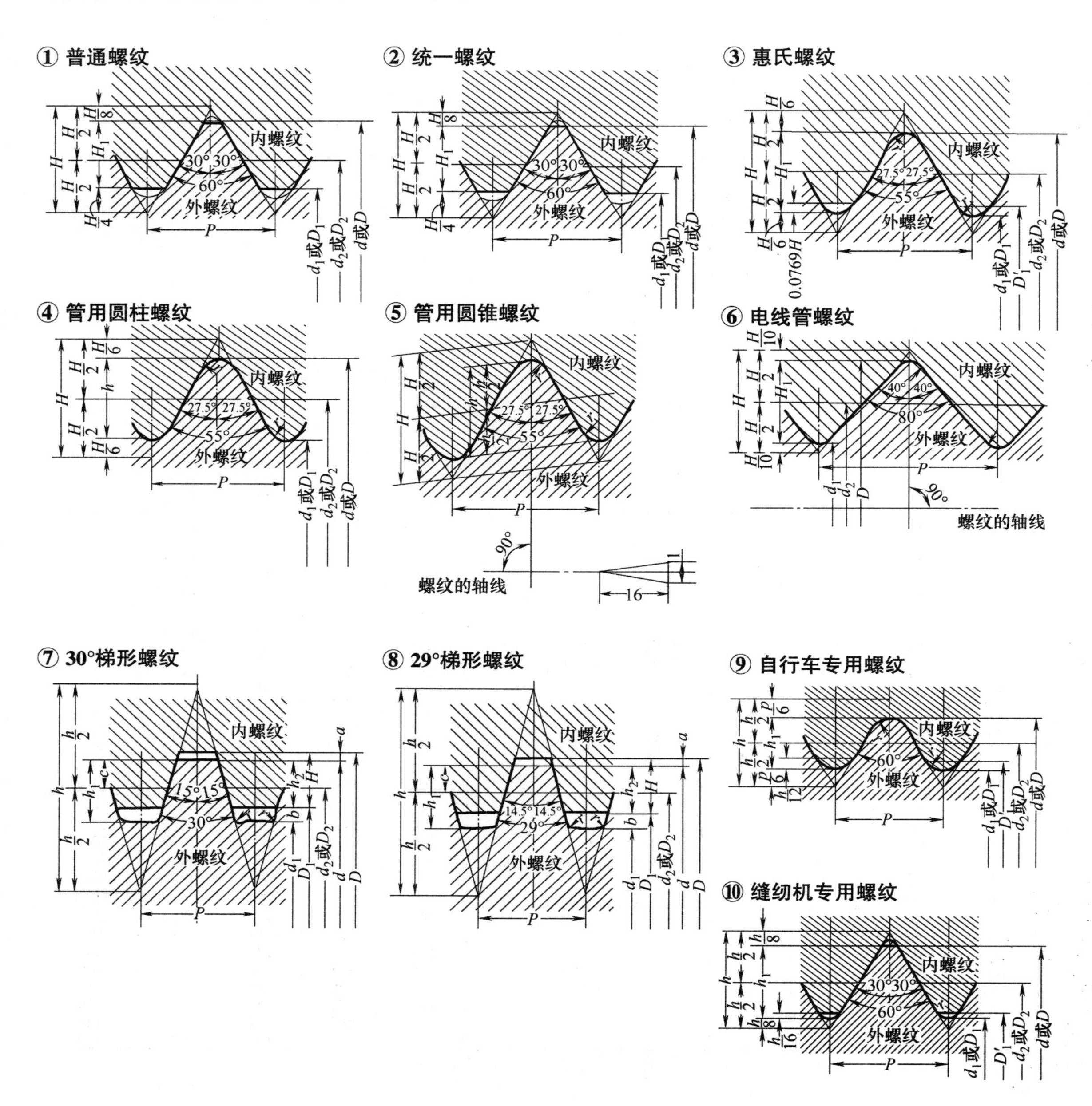

① 普通螺纹
内螺纹
外螺纹
30° 30°
60°
② 统一螺纹
内螺纹
外螺纹
30° 30°
60°
③ 惠氏螺纹
内螺纹
外螺纹
27.5° 27.5°
55°
0.0769H
④ 管用圆柱螺纹
内螺纹
外螺纹
27.5° 27.5°
55°
⑤ 管用圆锥螺纹
内螺纹
外螺纹
27.5° 27.5°
55°
90°
螺纹的轴线
16
1
⑥ 电线管螺纹
内螺纹
外螺纹
40° 40°
80°
90°
螺纹的轴线
⑦ 30°梯形螺纹
内螺纹
外螺纹
15° 15°
30°
⑧ 29°梯形螺纹
内螺纹
外螺纹
14.5° 14.5°
29°
⑨ 自行车专用螺纹
内螺纹
外螺纹
60°
⑩ 缝纫机专用螺纹
内螺纹
外螺纹
30° 30°
60°

螺纹的基本牙型（2）

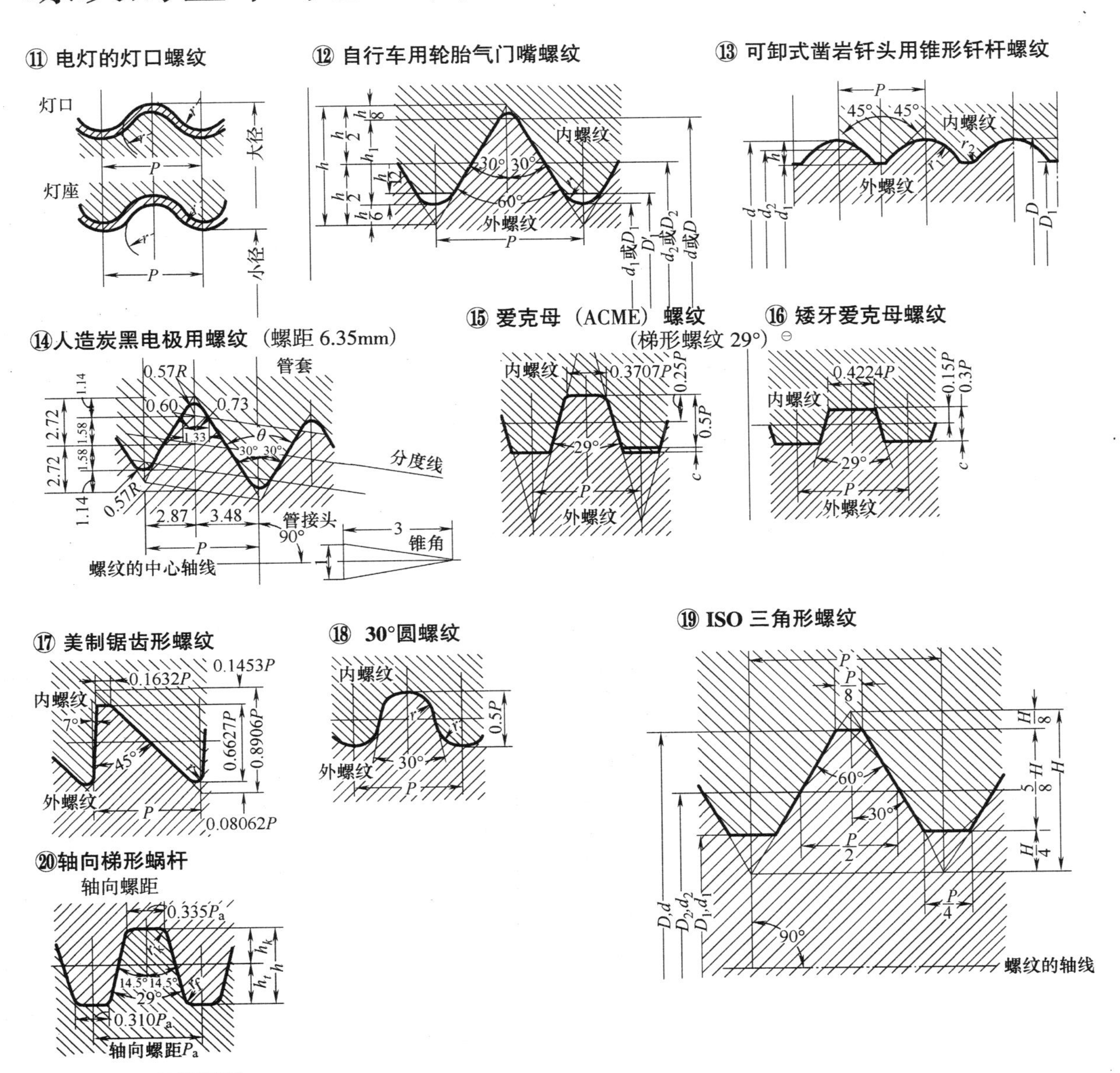

⊖ 对应中国标准 GB/T 5796.1~5761.3—2005《梯形螺纹》。——译者注

底孔直径（普通粗牙螺纹）

（单位：mm）

螺纹				底孔直径②									备注			
螺纹的标记	外径 d	螺距 P	标准的螺纹接触高度 $H_1$①	系列［螺纹旋合率（%）］									内螺纹内径			
				100	95	90	85	80	75	70	65	60	最小尺寸	最大尺寸 1级	2级	3级
M1	1.000	0.25	0.135	**0.73**	**0.74**	**0.76**	**0.77**	0.78	0.80	0.81	0.82	0.84	0.701	0.776	0.776	—
M1.2	1.200	0.25	0.135	**0.93**	**0.94**	**0.96**	**0.97**	0.98	1.00	1.01	1.02	1.04	0.901	0.976	0.976	—
M1.4	1.400	0.3	0.162	**1.08**	**1.09**	**1.11**	**1.12**	1.14	1.16	1.17	1.19	1.21	1.040	1.120	1.120	—
M1.7	1.700	0.35	0.189	**1.32**	**1.34**	**1.36**	**1.38**	1.40	1.42	1.43	1.45	1.47	1.286	1.376	1.376	—
M2	2.000	0.4	0.217	**1.57**	**1.59**	**1.61**	**1.63**	1.65	1.67	1.70	1.72	1.74	1.525	1.630	1.630	1.630
M2.3	2.300	0.4	0.217	**1.87**	**1.89**	**1.91**	**1.93**	1.95	1.97	2.00	2.02	2.04	1.825	1.930	1.930	1.930
M2.6	2.600	0.45	0.244	**2.11**	**2.14**	**2.16**	**2.19**	2.21	2.22	2.26	2.28	2.31	2.066	2.186	2.186	2.186
*M3×0.6	3.000	0.6	0.325	**2.35**	**2.38**	**2.42**	**2.45**	2.48	2.51	2.55	2.58	2.61	2.280	2.420	2.440	2.440
M3×0.5	3.000	0.5	0.271	**2.46**	**2.49**	**2.51**	**2.54**	**2.57**	**2.59**	**2.62**	2.65	2.68	2.459	2.571	2.599	2.639
M3.5	3.500	0.6	0.325	**2.85**	**2.88**	**2.92**	**2.95**	**2.98**	**3.01**	**3.05**	3.08	3.11	2.850	2.975	3.010	3.050
M4×0.7	4.000	0.7	0.379	*	**3.28**	**3.32**	**3.36**	**3.39**	**3.43**	3.47	3.51	3.55	3.242	3.382	3.422	3.466
M4.5	4.500	0.75	0.406	**3.69**	**3.73**	**3.77**	**3.81**	**3.85**	**3.89**	3.93	3.97	4.01	3.688	3.838	3.878	3.924
M5×0.8	5.000	0.8	0.433	*	**4.18**	**4.22**	**4.26**	**4.31**	**4.35**	4.39	4.44	4.48	4.134	4.294	4.334	4.384
M6	6.000	1	0.541	**4.92**	**4.97**	**5.03**	**5.08**	**5.13**	**5.19**	5.24	5.30	5.35	4.917	5.107	5.153	5.217
M7	7.000	1	0.541	**5.92**	**5.97**	**6.03**	**6.08**	**6.13**	**6.19**	6.24	6.30	6.35	5.917	6.107	6.153	6.217
M8	8.000	1.25	0.677	**6.65**	**6.71**	**6.78**	**6.85**	**6.92**	6.99	7.05	7.12	7.19	6.647	6.859	6.912	6.982
M9	9.000	1.25	0.677	**7.65**	**7.71**	**7.78**	**7.85**	**7.92**	7.99	8.05	8.12	8.15	7.647	7.859	7.912	7.982
M10	10.000	1.5	0.812	**8.38**	**8.46**	**8.54**	**8.62**	**8.70**	8.78	8.86	8.94	9.03	8.376	8.612	8.676	8.751
M11	11.000	1.5	0.812	**9.38**	**9.46**	**9.54**	**9.62**	**9.70**	9.78	9.86	9.94	10.03	9.376	9.612	9.676	9.751
M12	12.000	1.75	0.947	*	**10.2**	**10.3**	**10.4**	**10.5**	10.6	10.7	10.8	10.9	10.106	10.371	10.441	10.531
M14	14.000	2	1.083	*	**11.9**	**12.1**	**12.2**	**12.3**	12.4	12.5	12.6	12.7	11.835	12.135	12.210	12.310
M16	16.000	2	1.083	*	**13.9**	**14.1**	**14.2**	**14.3**	14.4	14.5	14.6	14.7	13.835	14.135	14.210	14.310
M18	18.000	2.5	1.353	**15.3**	**15.4**	**15.6**	**15.7**	15.9	16.0	16.1	16.2	16.4	15.294	15.649	15.744	15.854
M20	20.000	2.5	1.353	**17.3**	**17.4**	**17.6**	**17.7**	17.9	18.0	18.1	18.2	18.4	17.294	17.649	17.744	17.854
M22	22.000	2.5	1.353	**19.3**	**19.4**	**19.6**	**19.7**	19.9	20.0	20.1	20.2	20.4	19.294	19.649	19.744	19.854
M24	24.000	3	1.624	**20.8**	**20.9**	**21.1**	**21.2**	21.4	21.6	21.7	21.9	22.1	20.752	21.152	21.252	21.382
M27	27.000	3	1.624	**23.8**	**23.9**	**24.1**	**24.2**	24.4	24.6	24.7	24.9	25.1	23.752	24.152	24.252	24.382
M30	30.000	3.5	1.894	*	**26.4**	**26.6**	**26.8**	27.0	27.2	27.4	27.5	27.7	26.211	26.661	26.771	26.921
M33	33.000	3.5	1.894	*	**29.4**	**29.6**	**29.8**	30.0	30.2	30.4	30.5	30.7	29.211	29.661	29.771	29.921
M36	36.000	4	2.165	**31.7**	**31.9**	**32.1**	**32.3**	32.5	32.8	33.0	33.2	33.4	31.670	32.145	32.270	32.420
M39	39.000	4	2.165	**34.7**	**34.9**	**35.1**	**35.3**	35.5	35.8	36.0	36.2	36.4	34.670	35.145	35.270	35.420
M42	42.000	4.5	2.436	*	**37.4**	**37.6**	**37.9**	38.1	38.4	38.6	38.8	39.1	37.129	37.659	37.799	37.979
M45	42.000	4.5	2.436	*	**40.4**	**40.6**	**40.9**	41.1	41.4	41.6	41.8	42.1	40.129	40.659	40.799	40.979
M48	48.000	5	2.706	**42.6**	**42.9**	**43.1**	**43.4**	43.7	43.9	44.2	44.5	44.8	42.587	43.147	43.297	43.487

① $H_1 = 0.541266P$

② 底孔径 $= d - 2 \times H_1$（螺纹旋合率/100）

* 按照公式②算出的数值，螺距小于1.5mm，小数点以后保留2位数；数值超过1.5mm时，小数点以后保留1位，除去比内径的最小尺寸还小的数。

注：——，……，—·—左边的黑体字分别表示JIS B 0209的1级、2级、3级的内螺纹小径的极限尺寸内的数据。

底孔直径（统一粗牙螺纹）

螺纹			底孔直径②									备注		
螺纹的标记	外径 d	标准的螺纹接触高度 $H_1$①	系列［螺纹旋合率（%）］									内螺纹内径		
			100	95	90	85	80	75	70	65	60	最小尺寸	最大尺寸 3B	最大尺寸 1B 2B
¼—20 UNC	6.350	0.687	**4.98**	**5.04**	**5.11**	**5.18**	**5.25**	5.32	5.40	5.46	5.52	4.978	5.250	5.258
5/16—18 UNC	7.938	0.764	**6.41**	**6.49**	**6.56**	**6.64**	**6.72**	6.79	6.87	6.95	7.02	6.401	6.680	6.731
⅜—16 UNC	9.525	0.859	**7.81**	**7.89**	**7.98**	**8.06**	8.16	8.24	8.32	8.41	8.49	7.798	8.082	8.153
7/16—14 UNC	11.112	0.982	*	**9.2**	**9.3**	**9.4**	**9.5**	9.6	9.7	9.8	9.9	9.144	9.441	9.550
½—13 UNC	12.700	1.058	**10.6**	**10.7**	**10.8**	**10.9**	**11.0**	11.1	11.2	11.3	11.4	10.592	10.881	11.024
9/16—12 UNC	14.288	1.146	**12.0**	**12.1**	**12.2**	**12.3**	12.5	12.6	12.7	12.8	12.9	11.989	12.301	12.446
⅝—11 UNC	15.875	1.250	**13.4**	**13.5**	**13.6**	**13.8**	13.9	14.0	14.1	14.2	14.4	13.386	13.693	13.868
¾—10 UNC	19.050	1.375	*	**16.4**	**16.6**	**16.7**	**16.8**	17.0	17.1	17.3	17.4	16.307	16.624	16.840
⅞—9 UNC	22.225	1.528	**19.2**	**19.3**	**19.5**	**19.6**	19.8	19.9	20.1	20.2	20.4	19.177	19.510	19.761
1—8 UNC	25.400	1.719	**22.0**	**22.1**	**22.3**	**22.5**	**22.6**	22.8	23.0	23.2	23.3	21.971	22.344	22.606
1⅛—7 UNC	28.575	1.964	*	**24.8**	**25.0**	**25.2**	25.4	25.6	25.8	26.0	26.2	24.638	25.082	25.349
1¼—7 UNC	31.750	1.964	*	**28.0**	**28.2**	**28.4**	28.6	28.8	29.0	29.2	29.4	27.813	28.258	28.524
1⅜—6 UNC	34.925	2.291	*	**30.6**	**30.8**	**31.0**	31.3	31.5	31.7	31.9	32.2	30.353	30.851	31.115
1½—6 UNC	38.100	2.291	*	**33.7**	**34.0**	**34.2**	34.4	34.7	34.9	35.1	35.4	33.528	34.026	34.290
1¾—5 UNC	44.450	2.750	**39.0**	**39.2**	**39.5**	**39.8**	40.0	40.3	40.6	40.9	41.2	38.964	39.561	39.827
2—4½ UNC	50.800	3.055	**44.7**	**45.0**	**45.3**	45.6	45.9	46.2	46.5	46.8	47.1	44.679	45.367	45.593

① $H_1 = 0.541266 \times 25.4 / n$

② 底孔径 $= d - 2 \times H_1$（螺纹旋合率/100）

＊按照公式②算出的数值，螺纹牙数大于 16（25.4mm）时，小数点以后保留 2 位数；螺纹牙数小于 14（25.4mm）时，小数点以后保留 1 位，除去比内螺纹的最小尺寸还小的数。

注：——以及……左边的黑体字分别表示 JIS B 0210 的 3B 以及 2B · 1B 的内螺纹小径的极限尺寸内的数据。

螺纹的 JIS 标准　标准代号及名称

●螺纹术语　表示法　制图

B 0101 紧固件术语
B 0123 螺纹的标记法
B 0002 技术制图螺钉和螺纹部件

●基本螺纹

〈一般〉

B 0205 普通粗牙螺纹
B 0206 统一粗牙螺纹
B 0207 普通细牙螺纹
B 0208 统一细牙螺纹
B 0209 普通粗牙螺纹的极限尺寸及公差
B 0210 统一粗牙螺纹的极限尺寸及公差
B 0211 普通细牙螺纹的极限尺寸及公差
B 0212 统一细牙螺纹的极限尺寸及公差

〈特殊〉

B 0202 圆柱管螺纹
B 0203 圆锥管螺纹
B 0204 电线管螺纹
B 0221 30°梯形螺纹
B 0222 29°梯形螺纹
B 0225 自行车专用螺纹
B 0226 缝纫机专用螺纹
B 7103 照相机三脚架的连接件
B 7104 照相机用快门线释放端子和插座
B 7112 照相机镜头前部附件的连接件
B 7113 照相机用玻璃滤光镜
B 7127 8mm、16mm 电影摄影机用摄影镜头安装螺钉及凸缘焦点距离
B 7141 生物显微镜承物台坐标千分尺
B 7173 X 线间接照相机
B 7175 8mm、16mm 电影摄影机前配件的可卸部分
B 7177 相片放大机
B 7907 光学测绘仪的三脚架连接装置
B 8031 内燃机火花塞
B 8241 无缝钢制气瓶
B 8244 液化乙炔瓶用阀门
B 8245 液化石油气瓶用阀门
B 8246 高压气瓶用阀门
B 8404 喷枪式燃烧器
B 9911 消防水笼带管插入式接头的尺寸
B 9912 消防水笼带用螺纹型连接器的分类和尺寸
B 9913 消防用喷嘴连接件的分类尺寸
C 7709 电灯泡的灯口及灯座
D 4208 汽车轮胎气门芯
D 5601 汽车速度表
D 5602 汽车速度表及转速表软轴
D 9422 汽车轮胎气门
E 5101 火车头锅炉螺杆
E 5102 清洗塞
E 5103 容器塞
R 7201 圆柱形机械墨电极
W 4501 飞行器用活塞式发动机的火花塞
W 4502 飞行器用活塞式发动机的火花塞端子
W 4503 飞行器用活塞式发动机的火花塞弯管
Z 1604 钢桶用塞子和法兰

●普通螺纹零部件

〈螺纹零件共同标准〉

B 1001 螺栓及螺钉孔径和倒角
B 1002 对边宽度的尺寸
B 1003 紧定螺钉端部形状与尺寸
B 1004 螺纹底孔直径
B 1012 螺钉头十字槽

〈小螺钉〉

B 1101 开槽螺钉
B 1111 十字槽螺钉
B 1115 十字槽自攻螺钉
B 1116 精密机器用开槽机械螺钉
B 1117 开槽紧定螺钉
B 1118 方头紧定螺钉
B 1177 内六角紧定螺钉

〈螺栓〉

B 1166 T 形槽螺栓
B 1168 吊环螺柱
B 1171 半圆头方颈螺栓
B 1173 双头螺柱
B 1176 内六角螺栓
B 1178 地脚螺栓
B 1179 沉头螺栓
B 1180 六角头螺栓
B 1182 方头螺栓
B 1184 蝶形螺栓

〈螺母〉

B 1163 方螺母
B 1167 T 形槽螺母
B 1169 吊环螺母
B 1170 开槽螺母
B 1181 六角螺母
B 1183 六角盖形螺母
B 1185 蝶形螺母

〈木螺钉〉

B 1112 十字槽木螺钉
B 1135 开槽木螺钉

●特殊用途螺纹的零件

〈建筑用〉

B1186 摩擦夹连接用高强度六角头螺栓、六角螺母、平垫圈系列

〈轴承用〉

B 1554 滚动轴承、防松螺母、锁紧垫圈和止动垫片

〈夹具用〉

B 5202 钻模用轴衬紧定螺纹
B 5226 钻模用六角螺母

〈汽车用〉

D 2701 汽车用车轮螺母（米制螺纹）
D 4210 汽车用轮胎气门嘴螺母

〈铁路用〉

E 1107 对接和钢轨固定用螺栓及螺母
E 1109 螺旋道钉
E 1113 对接钢轨用热处理螺栓及螺栓
E 1114 N 形对接轨道用螺栓及螺母

〈船用〉

F 1501 木甲板及甲板螺栓
F 3022 船上安装钢管用 U 形螺栓

〈飞机用〉

W 1601 飞行器用六角头螺栓
W 1602 飞行器用六角螺母
W 1603 飞行器用厚型止动螺母
W 1604 飞行器用薄型止动螺母
W 1605 飞行器用高强度小螺钉
W 1606 飞行器用小螺钉
W 1608 飞行器用密封螺栓
W 1616 飞行器用六角头螺栓（650℃）

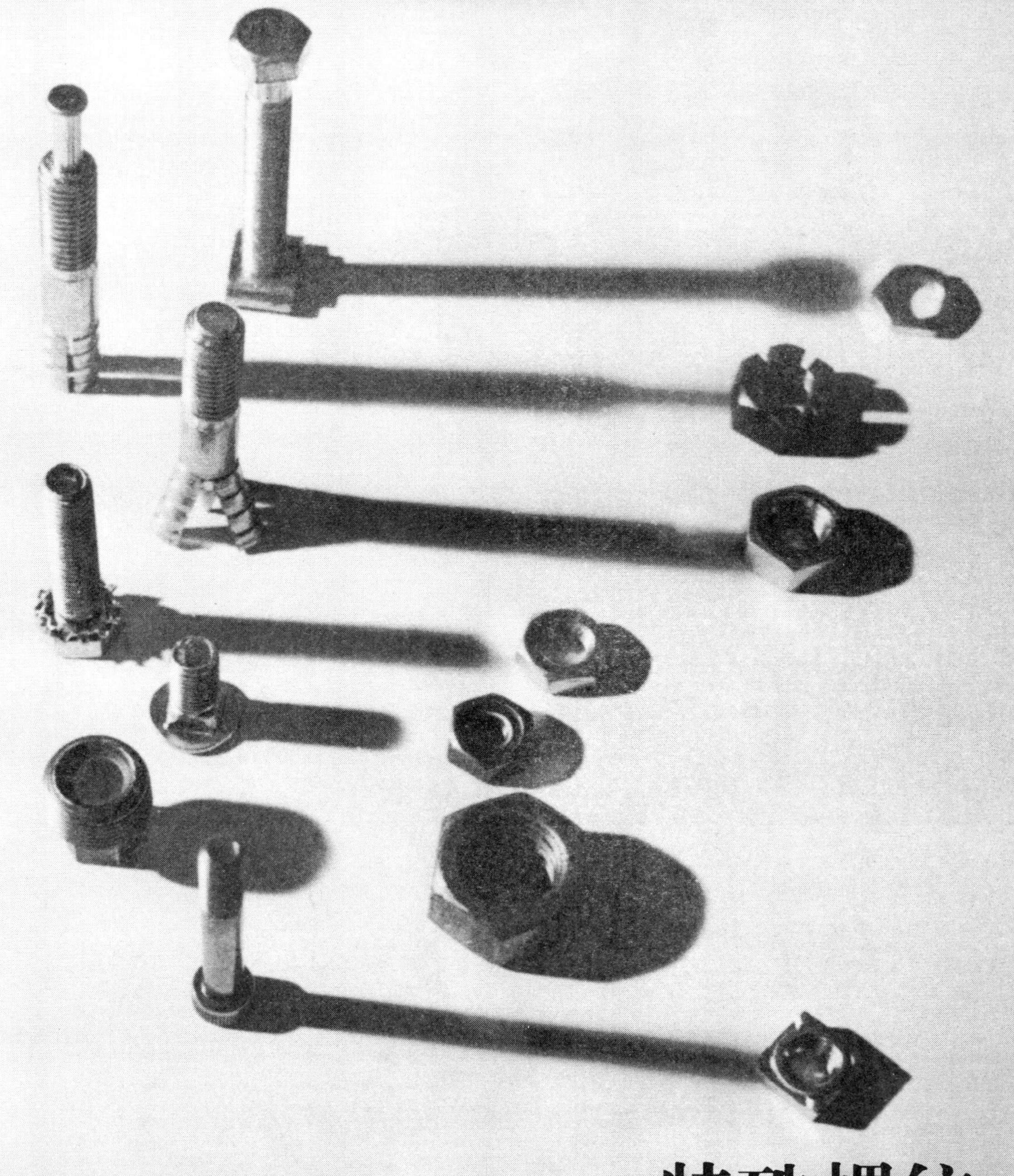

特殊螺纹

我想大家对平面涡旋式三爪自定心卡盘这个词非常熟悉。所谓的涡轮盘就是“涡旋式”，用这种涡旋式来开闭三爪自定心卡盘的卡爪。

在平面上，以同一螺距转动，也可以叫“平面螺纹”。因此，仅仅只是旋转，并不能称做平面螺纹。除了有螺纹以外，如果螺距不固定就会很麻烦。螺纹旋转一周，行进的距离不固定，该螺纹与内螺纹部位是不能配合的。

这里使用的是三爪自定心卡盘，而且因为是在机械内部，一般是看不见的。配合面不仅是内螺纹，还排列着许多月牙形的牙。

1 涡轮盘

这种装置从外向内移动有许多以相同螺距的螺纹。当然，螺纹直径会变小。其旋转也可以变成大弧度曲线。而且在一次旋转中，这种曲线时刻发生变化。

因此，即使是最小直径部分，与这种螺纹相配合的月牙形的牙的曲线也必须是与之紧密配合的曲线。

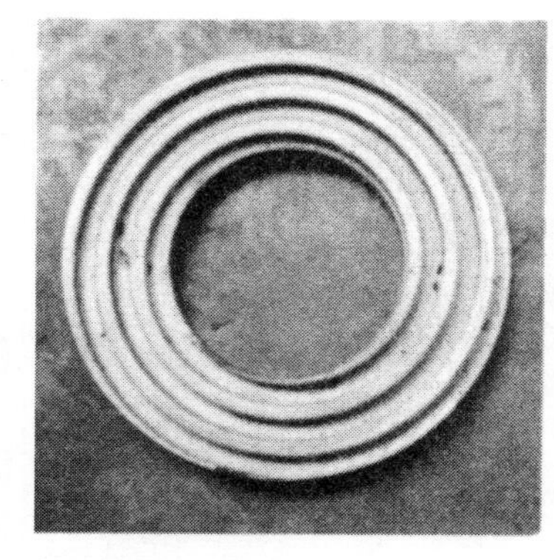

▲涡轮盘

而且，与月牙形的牙与螺纹牙型的接触位置，是随螺纹曲线而移动的。

这种涡轮盘的加工方法与端面切削一样，请把车刀沿横方向（轴心方向）进给。

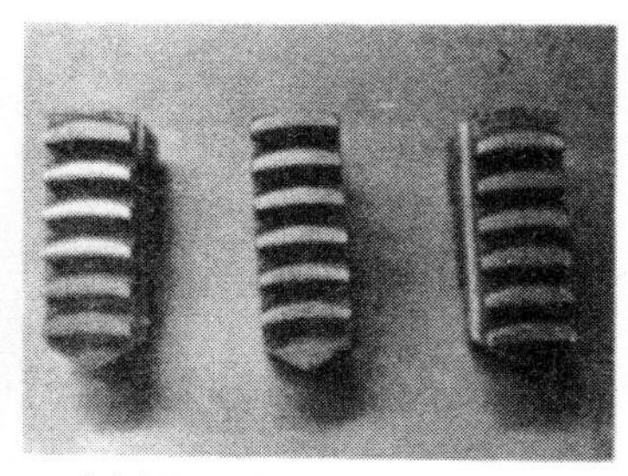

▲内侧月牙形

▲内侧与涡旋盘部位的配合

▲涡轮盘一旋转，三个爪也等距离移动

2 花键

用花键把依靠机械进行动力传动的轴与孔相结合。比如说，工作机械的变速器中，使用滑动齿轮。JIS 中，与齿面平行的花键作为矩形花键，槽沟数分为 6、8、10 三种。在形式上，轻载荷用的为 1 型，中等载荷用的为 2 型，各有多种尺寸。

请改变看法。

螺纹的导程增大怎么办？可做成多线螺纹。钻孔的钻头为 2 线螺纹，好像立铣刀的螺旋齿。导程大了，1 线螺纹就不够用了。将细长的板子拧成螺旋状就成为 2 线螺纹。

如果这种螺纹的导程慢慢增大会变成什么呢？螺纹的牙型方向会逐渐接近轴向，最终与轴平行，也就是“导程无限大”。没有比这还大的导程，也就是说轴的周围有很多平行的高峰和低谷。“导程无限大的多线螺纹”，可把它看成花键。6、8、10 齿的花键有 6、8、10 线导程无限大的螺纹。

▲工作机械的主轴头，中央主轴是花键轴

花键对应的螺纹，称为内花键，在孔内。当然两者要配合。

花键是用铣床或者是专用的花键轴铣床加工的。批量生产时，像螺纹一样用滚压机滚压成形。所加工内花键的数量少时用插床，数量多时用拉刀。

▲内侧的轴是花键轴，靠近面前的齿轮是内花键

▲左边是三脚架安装（外螺纹），右边是三脚架的内螺纹（主体的底部）

3 照相机用螺纹

与照相机相关的螺纹有许多的特例——特殊螺纹有很多，如照相机三脚架安装部位的螺纹，以相机仪表细螺纹为基准，允许公差变大。用螺钉把相机主机固定在机身上。需要较大的间隙。

快门钢丝顶针上是锥度大的圆锥螺纹，为28°。螺距在与轴平行方向，是0.5mm的普通螺纹。

安装透镜配件的螺纹是普通螺纹，公称直径大，螺距小。照片上的为M52,螺距0.75mm，牙数仅仅只有2个牙，而且公差与公称直径无关。按绝对值规定每一螺距（3种类型）。

除此之外，8mm、16mm摄影机螺纹有英制螺纹，与普通螺纹混合使用。

自行车、缝纫机一样在日本已经实现国产化，并与从发达国家进口的滚子规格相符。

▲快门钢丝顶针的圆锥螺纹

▲滤镜的螺纹

滚珠丝杠的结构

4 滚珠丝杠

在螺纹副的内螺纹和外螺纹之间放入滚珠，把滑动摩擦变成滚动摩擦，使摩擦阻力变小，这就是“滚珠丝杠”的原理。为了减少摩擦阻力多使用驱动结构。最具代表性的是车床丝杠，铣床、镗床工作台的进给机构等。

实际上，滚珠丝杠在螺纹槽上有2个滚珠触点。还有，其螺母与普通螺母不同，即螺母也有相同的螺纹槽，因此在两边之间滚动的滚珠很难向外飞出，所以滚珠循环滚动。滚珠在螺纹槽间滚动，进入螺母外侧的滚珠套筒内，然后又回到开始的地方。

滚珠丝杠因为多用于驱动，所以螺纹也要淬火，并进行磨削等精加工。

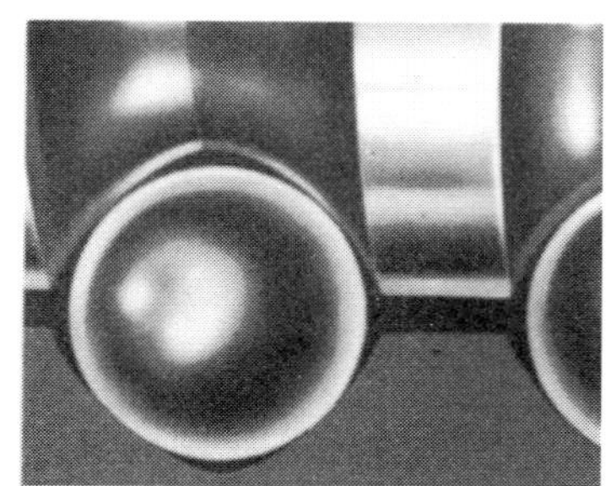
▲滚珠在螺纹槽内的2个触点

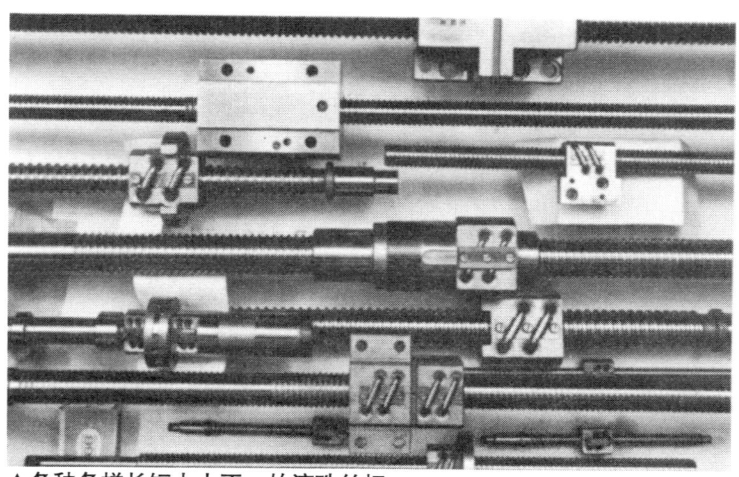
▲各种各样长短大小不一的滚珠丝杠

管螺纹是承受压力的燃气管、水管等连接时使用的螺纹。

5 管螺纹

因为管中流动的是燃气、水、油等液体，而且还要承受压力。因此，它不仅仅是起机械连接的作用。

如果在外螺纹和内螺纹间有间隙，虽然起到连接的作用，但燃气、水会从间隙中漏出。

当然，外螺纹和内螺纹间使用密封材料，但螺纹自身也要求密封性和水（油）密封性好。

因此，管螺纹要相互配合。

管用圆柱外螺纹和管用圆锥内螺纹。

管用圆锥外螺纹和管用圆锥内螺纹。

管用圆锥外螺纹和管用圆柱内螺纹。

而且，这两种类型的管用圆柱内螺纹公差不一样。

再说，圆锥管螺纹的锥度是 1/16（见第 94 页）中，螺距与轴平行。

以前，管子全部为英制尺寸。虽然日本常使用米制螺纹，但这种管螺纹尺寸全部为英寸，螺纹也是英制螺纹，牙型角都是 55°。

这种螺纹是用板牙头螺纹梳刀加工，常在与施工工程有关的土木、建设、建筑工地中使用。

▲在煤气表的前后连接处全是管螺纹

▲水管连接处也是管螺纹

▲ 连接其他的电线，下面是电线管

6 电线管螺纹

电线管螺纹是为了保护电线的管螺纹。所以，套管与套管间的精密度很高。而且管壁也很薄，并要埋入混凝土中，所以需要非常耐用。

由于管壁薄，螺纹的精度也不需要很高，因此标准牙型的牙型角是80°。

螺距相同，如果管壁薄，螺纹牙型的角度也会变大。

在新工厂，电线管大都采用埋入混凝土的方式。但老工厂重新安装布线时，电线管当然会置于表面。

螺纹用板牙头螺纹梳刀加工。

▲微动开关的接线箱

▲ 板牙头螺纹梳刀在一根一根地加工

▲ 这是自动曲柄钻专用机床

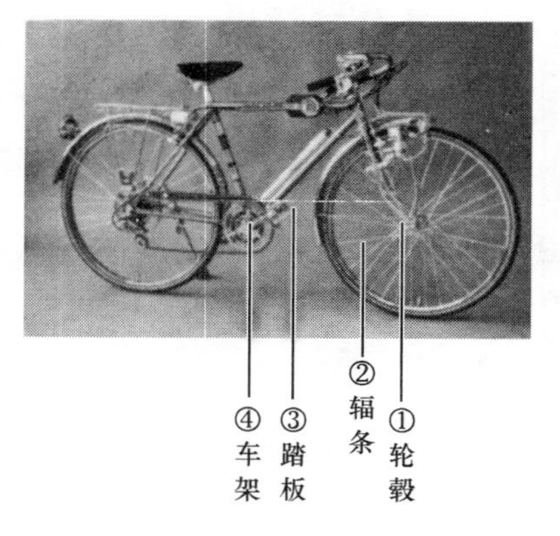

7 自行车专用螺纹

自行车专用螺纹分为一般用螺纹和辐条用螺纹。它们的不同点仅仅只是辐条用螺纹比一般用螺纹的公称值和螺距都小些，基本牙型都是一样的。

自行车上的螺栓没有多少，有轮毂轴、踏板轴、车架、辐条上的等，除此之外的小螺纹都使用普通螺纹。

自行车专用螺纹的标准牙型，螺纹牙型的高度较低（见第144页）。那是因为螺纹管的管壁薄，螺纹牙很低，这样才不易断裂。踏板轴不是圆柱形的，但与轮毂、车架等标准牙型相配合。

还有，外螺纹牙型和内螺纹牙底之间有间隙，这是由于当年从英国进口自行车时，仿制当时的英制螺纹。

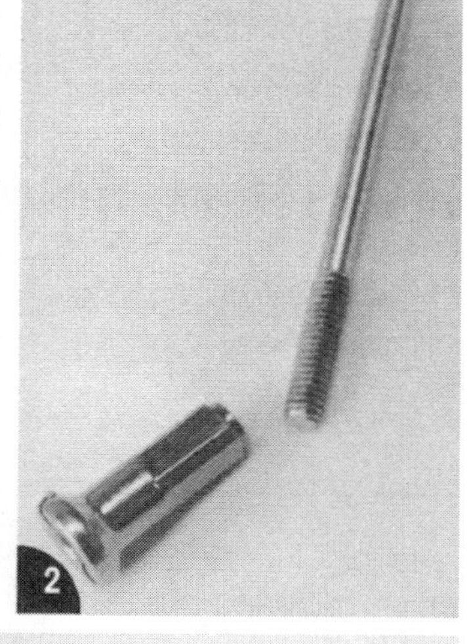

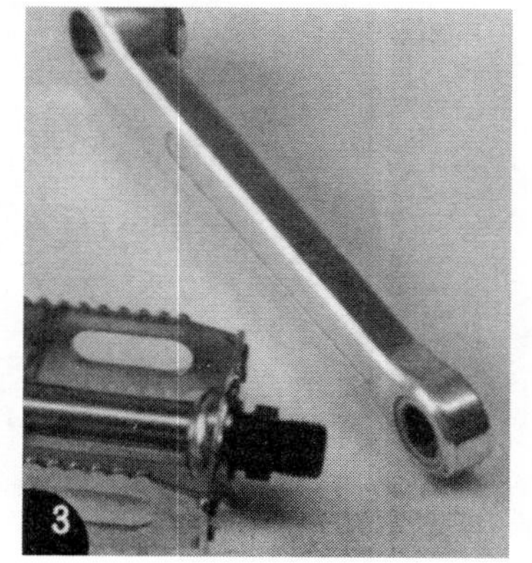

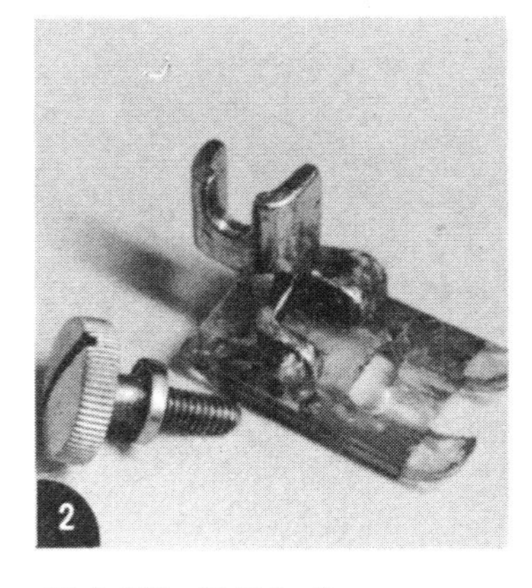

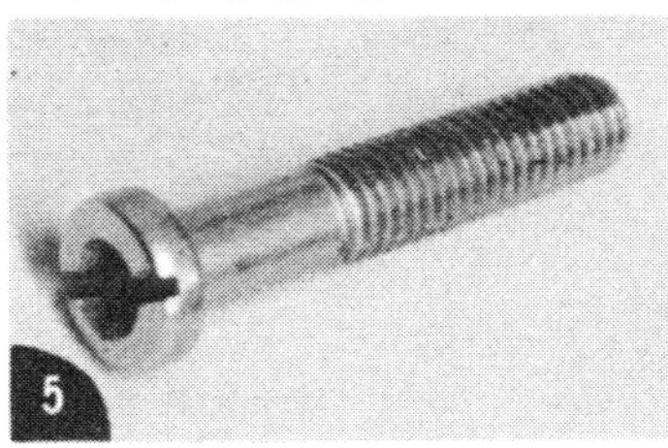

8 缝纫机专用螺纹

缝纫机专用螺纹也是特殊螺纹的一种。参照标准牙型，螺纹牙型比一般用的高（见第 144 页）。而且从规格表看公称值和螺纹牙数不一致，公称值虽变大，但螺纹牙数减少，不是均匀的。

而且，缝纫机最好只使用缝纫机专用螺纹。小螺钉、紧定螺钉都是如此。

这种明显特征是在缝纫机的发展过程中产生的。有名的美国缝纫机制造厂辛格缝纫机，从很久以前就是世界市场的巨头。

所以，全球的缝纫机全部都是仿照辛格缝纫机，因此缝纫机专用螺纹规格与统一螺纹不同。

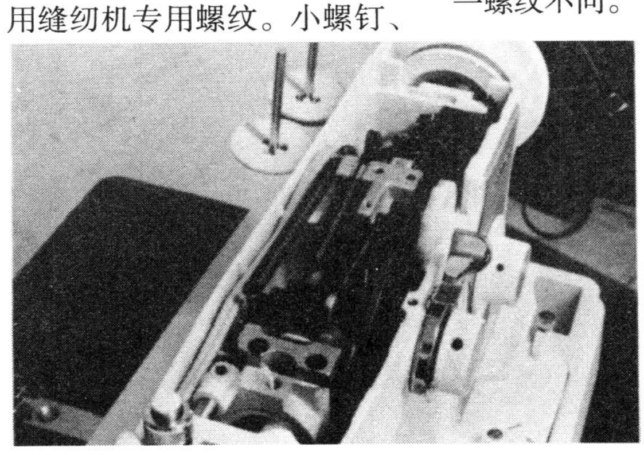

▲ 小螺钉、紧定螺钉都是缝纫机专用螺钉

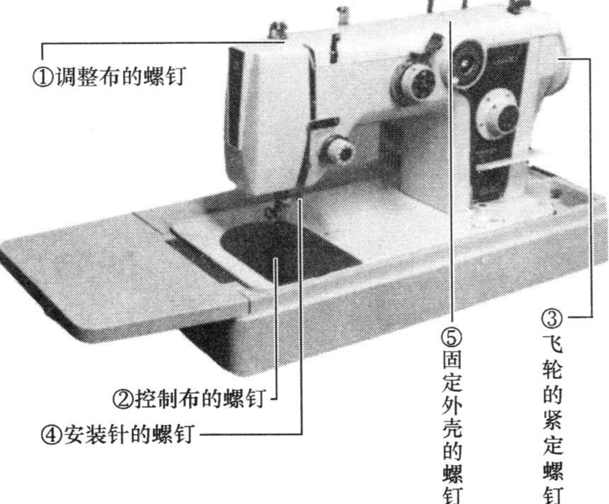

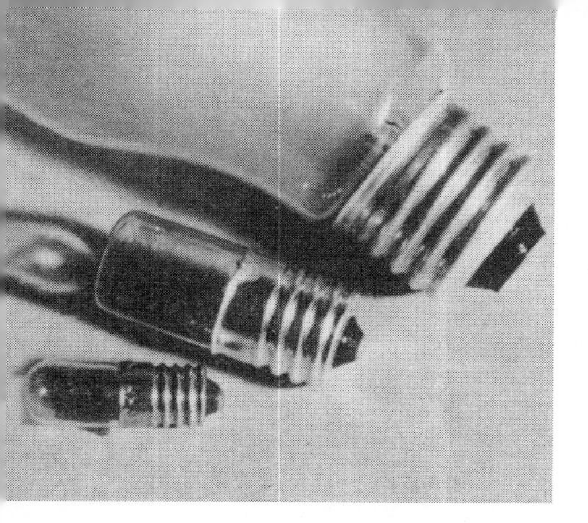

9 电灯泡的灯口螺纹

圆形螺纹的代表就是电灯泡的灯口。这种代表照明用的球形螺纹是 1879 年爱迪生从发明电灯泡开始时用的，外径约为 26mm，1in 内有 7 个牙型。

其制作工艺很简单。从上取出冲压成形的材料。用左侧的棒将其压住，然后转插到下模（内模）中。一边向那边转向尺寸大的上模（外模），一边压紧。问题是这两边模具的转速比，上模是由多线螺纹构成，因此比下模转速快，所以根据上模的转动，不同直径，同一螺距的上下模的螺纹相互旋入上，就能形成圆弧螺纹。

从产品的表面看，外侧的牙型部分在两模具之间分开。

内侧牙型的部分，牙槽的部分因为都没有摩擦，所以从下模（内模）的外侧开始，按牙槽的部分而形成。

螺纹一旦形成，要立刻逆向旋转，从下模（内模）上拔出。接触一直比下模高速逆转的橡皮滚子，在下一个原材料供给之前的几百分之一秒之内拔出。

每分钟可以快速制造出 40～60 个。

▲用左侧棒把上面取下的原材料压在下（内）模上

▲上（外）模靠近，形成螺纹，前面的是橡胶滚子

▲原材料和成品

▲左：下（内）模，中：产品，右：上（外）模

▲ 伞柄部压铸的螺纹

10 压铸螺纹

说起压力铸造的螺纹，首先第一步是切削加工，同一形状大量生产时一般用滚压成形（见第130页）。但是铸造也是按照压铸方法“铸造”螺纹的。

压铸和冲床的冲模、加工螺纹的模具都用相同的“模具”一词。

不过，铸造一定会使用模具，但这时的模具不是砂型，而是用称为“金属模”的模具。

压铸的原理与一般的铸造不同，在压铸的机床上使用金属模具，是一种大量、高效的铸造方法。

与一般铸造的不同点：

① 材质只能使用熔点低的金属（锌合金、铝合金）。

② 铸造表面光滑，可以不再加工作为成品使用。

③ 因为大型产品受机床限制，所以一般是加工小的产品。

④ 因为是加压并供给溶液，所以生产速度快，并且产量大。

因为螺纹是用模具铸造的，其实除分模制造外没有其他的办法。如照片所示，这是任何一种伞都有的伞柄（手柄）螺纹。

因此，铸造后形成的外表可以直接使用，唯一的问题是分模结合处的接缝。与160页的玻璃制品模具相同，但比玻璃制品尺寸精度更好。

压铸机与注塑成形机完全相同，不同之处只是材料一个是金属，一个是塑料。

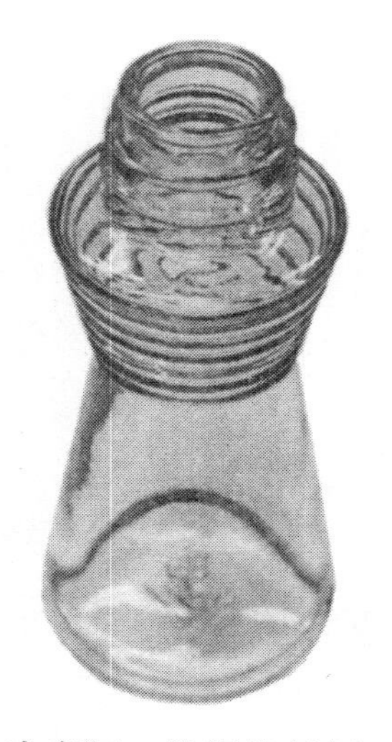

▲瓶口模具是对开模，螺纹从开始到结束都是在模具的正中央形成的

11 玻璃瓶的瓶口螺纹

玻璃瓶口的螺纹是用两个对开模制造的。从左右两边都有模具的接头可以看出来。请看瓶口的模具，螺纹牙只有一点点。大概螺纹最多只有3个牙。只要卡住瓶盖就可以了，没有必要太紧。

还有，螺纹从开始到结束都是在模具的正中央形成的，因此必须避开接缝部位。

▲产品放在模具中有些间隙

▼瓶口加工完了后的开模处

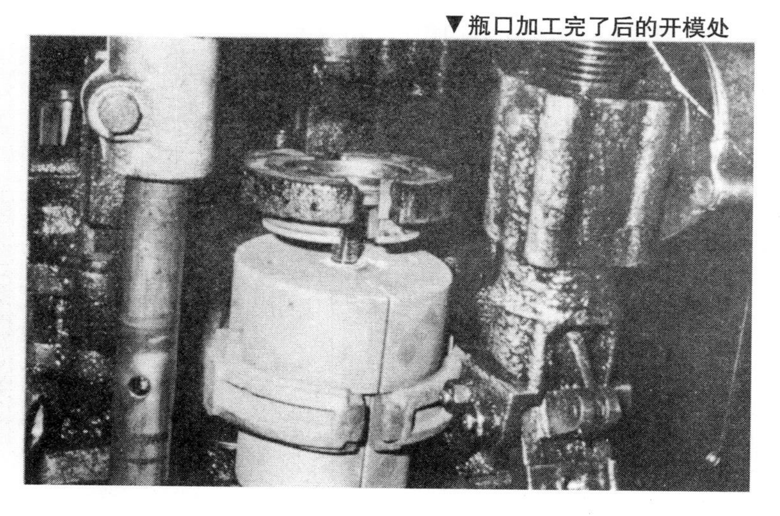

▲成形机（注塑机）

12 塑料盖螺纹

内螺纹用对开模的加工比较难，都是注塑成形。如果把有螺纹的盖子逆向旋转就可以打开盖子，而螺纹牙不会损坏。纵向成形机使盖子逆向旋转，横向成形机是使外模逆向旋转。横向成形机使外模逆向旋转的同时，用外模中心的圆棒顶出盖子。这时盖子不要空转。盖子外侧有锯齿就是为了防止空转。

塑料盖的螺纹精度要求不是太严格，即使有点毛病，只要用手用力地按几下就可以了。

▲模具的左边是外模，右边是内模

▲外模

▲外模逆转时，同时中心的圆棒动作